NATUR, KULTUR
UND KULINARIK
IN DER REGION

CHIEMSEE

Der Führer mit Traumtouren rund um den See

Wolfgang Dietzen
Text

Josef Reiter
Bild

Inhaltsverzeichnis

Vorwort ... 5
I. Natur & Kultur am Chiemsee ... 6
II. Der Chiemsee – das Bayerische Meer ... 12
III. Leben und Wohlfühlen ... 18
Das Klima ... 19
Die Menschen ... 22
Essen & Trinken ... 24
IV. Der Chiemsee und seine Erlebnis-Highlights ... 26
Schiffsfahrten auf dem See ... 27
Die Chiemseeinseln ... 28
Die schönsten Winkel rund um den See ... 30
Die schönsten Badeplätze ... 32
V. Die Tierwelt und ihre Lebensräume ... 34
Lebensraum See und Seeufer ... 35
Lebensraum Wälder und Gebüsche ... 46
Lebensraum Wiesen und Moore ... 51
VI. Die Pflanzen und ihre Standorte ... 56
Pflanzenwelt im und am Wasser ... 57
Wälder und Gebüsche ... 60
Wiesen und Moore ... 63
1: Die Tiroler Achen ... 66
Grabenstätter Moos ... 67
Naturschutzgebiet Mündung der Tiroler Achen ... 70
Halbinsel Lachsgang ... 73
2: Das Seeufer ... 76
Von Prien nach Gstadt ... 77
Von Gstadt nach Seebruck ... 80
Von Seebruck nach Chieming ... 83
3: Die Inseln im Chiemsee ... 86
Rundgang Fraueninsel ... 87
Vom Alten zum Neuen Schloss ... 90
Großer Rundgang auf der Herreninsel ... 93
4: Die Chiemseemoore ... 96
Von Grassau in die Kendlmühlfilze ... 97
Moorerlebnispfad Kendlmühlfilze ... 100
Vom Klaushäusl zum Torfbahnhof ... 103
5: Der Unterlauf der Prien ... 106
Durchs Eichental nach Wildenwart ... 107
Von Prien-Stock zur Mündung der Prien ... 110
Von der Prienmündung nach Hochstätt ... 113
6: Ischler Achen & Kloster Seeon ... 116
Von Eggstätt zum Eschenauer See ... 117
Um das Kloster Seeon ... 120
Von Roitham nach Ischl ... 123
7: Eggstätt-Hemhofer Seenplatte ... 126
Von Hartmannsberg um Kessel- und Schlosssee ... 127
Von Eggstätt durch das Herz der Seenplatte ... 130
Eine Kutschfahrt zum Pelhamer See ... 133
8: Die obere Alz ... 136
Von Seebruck nach Truchtlaching ... 137
Von Truchtlaching zum Kloster Baumburg ... 140
Auf der Alz von Seebruck bis Truchtlaching ... 143
Chiemsee für Genießer – kulinarische Tipps ... 146
Fakten Chiemsee und Nachbargewässer ... 178
Artenlisten ... 180
Kontaktadressen Naturschutz ... 188
Register ... 189
Literaturverzeichnis ... 191

Vorwort

Der Chiemsee und seine Umgebung bieten wie kaum eine andere Landschaft Natur und Kultur in einer schwer zu übertreffenden Vielfalt. Beides – den Artenreichtum in der heimischen Tier- und Pflanzenwelt und die kulturellen Besonderheiten der Region – möchten wir Ihnen in diesem Führer vorstellen und näherbringen. Zu allen Jahreszeiten können Sie die faszinierende Natur des Chiemsees und seiner Umgebung auf den beschriebenen Touren erleben und dabei gleichzeitig verschiedenste kulturelle Einrichtungen kennenlernen. Ob als Drehscheibe für den internationalen Vogelzug im Winterhalbjahr oder als geschichtsträchtiger Ort keltischer, römischer oder bayerischer Geschichte – der Chiemsee und seine Umgebung halten viel Wissenswertes und manche Überraschung für Sie bereit. Die Touren wurden zudem so gewählt, dass auch immer für Ihr leibliches Wohl gesorgt ist. Im Kapitel „Chiemsee für Genießer" finden Sie die interessantesten kulinarischen Tipps.

Auch wenn der Wettergott einmal nicht mitspielen sollte, schon beim Besuch der unterschiedlichen kulturellen Einrichtungen kommen Sie voll auf Ihre Kosten. Manche haben sogar dann einen ganz besonderen Reiz. Der Zeitpunkt muss nicht unbedingt im Frühjahr oder Sommer liegen. Ein Spaziergang auf einer zugefrorenen Chiemseebucht oder eine Wanderung durch die herbstliche Eggstätt-Hemhofer Seenplatte kann zu einem ebenso unvergesslichen Erlebnis werden.

Genaue Karten von allen Touren, die in diesem Führer beschrieben sind, können Sie sich im Internet unter „www.natur-chiemsee.de" herunterladen und im Format DIN A4 ausdrucken. Ebenso finden Sie hier zahlreiche Links zu weiteren Informationen über Natur und Kultur am Chiemsee sowie Wissenswertes über die Region.

Für Ihren Aufenthalt am Chiemsee wünsche ich Ihnen viel Freude auf den Touren und unvergessliche Erlebnisse.

Wolfgang Dietzen

Bundwerk mit alten Bienenkörben – schöne Chiemgauer Zimmermannskunst

I. Natur & Kultur am Chiemsee

Natur und Kultur gehören seit alters her untrennbar zusammen. Dies keineswegs erst seit der Mensch über Nachhaltigkeit, Ökobilanzen oder Agendaprozesse zu sprechen begonnen hat. Ohne Natur und ohne Kultur kann es keine lebenswerte Zukunft für kommende Generationen geben. In diesem Führer ziehen wir daher keine Trennlinie zwischen diesen Bereichen. Wer im Chiemgau lebt oder ihn besucht, erlebt immer beides: Natur und Kultur. Auf Schritt und Tritt begegnet er kulturellem Geschehen oder kulturellen Spuren – von heute und aus längst vergangenen Zeiten. Die Natur muss er nicht suchen, sie umgibt ihn in einer außergewöhnlichen Vielfalt, Fülle und Pracht.

Die Menschen im Chiemgau wissen das und setzen sich dafür ein, dass diese Schätze auf Dauer bewahrt werden. Lange nach dem Ende der Eiszeit, als auf dem kargen Boden wieder die ersten Pflanzen zu wachsen begannen (etwa 12 000 Jahre v. Chr.) und das Siegsdorfer Mammut

Siegsdorfer Mammut

schon Jahrtausende durch die Landschaft des Chiemgaus streifte, kam erst der Mensch.

Ersten Hinweisen zufolge siedelten bereits in der Jungsteinzeit die ersten Menschen am Chiemsee – in Breitbrunn. Zahlreiche Funde aus der „Münchshöfener Zeit" belegen dies. Die heutige Kulturlandschaft bekam aber erst in den letzten Jahrhunderten ihr charakteristisches Aussehen. Im Chiemgau ist es eine bäuerliche Kulturlandschaft mit vielfältigen Lebensräumen für Tiere und Pflanzen.

Aufschlussreiche Einblicke in das lange zurückliegende Geschehen vermitteln Ihnen zwei Museen, deren Besuch wir Ihnen sehr empfehlen können. Das eine ist das Siegsdorfer Naturkunde- und Mammutmuseum (www.museum-siegsdorf.de) und das andere das Römermuseum Bedaium in Seebruck (www.bedaium.de). Das Naturkundemuseum Siegsdorf, das 1995 eröffnet worden ist, verdankt seine Entstehung

Skelett des Siegsdorfer Höhlenlöwen

der Entdeckung von 45 000 Jahre alten Mammutknochen im sogenannten Gerhartsreiter Graben im Jahre 1975 und der endgültigen Ausgrabung der gesamten Funde im Jahre 1985. Anschließend übereignete der Münchner Josef Wührl seine Privatsammlung von Versteinerungen aus dem Chiemgau der Gemeinde Siegsdorf und schuf somit die Grundlage für die

Darstellung des Chiemseegletschers im Naturkunde- und Mammutmuseum Siegsdorf

Krautinsel mit Nebelschleier

Errichtung dieses bayernweit einmaligen Museums in Siegsdorf. Das Naturkundemuseum Siegsdorf vermittelt Ihnen auf über 650 m² Ausstellungsfläche 250 Millionen Jahre Entwicklungsgeschichte Südostbayerns. Anschauliche Grundlagen zur Geologie, die Vielfalt der Versteinerungen und einen Einblick in die Welt der Giganten der Eiszeit machen den Besuch zum Erlebnis.

Teil eines römischen Fundaments

Das zweite Museum, das Römermuseum Bedaium, zeigt die im Laufe der Jahrzehnte in Seebruck und Umgebung ausgegrabenen historischen Funde. Beide Museen werden wissenschaftlich betreut. Der römische Ort Bedaium entstand 50 n.Chr. an der Stelle des heutigen Seebruck. Er entwickelte sich rasch zum Verkehrsknotenpunkt zwischen Inn und Salzach. Hier überquerte die Römerstraße Augsburg–Salzburg auf einer Brücke die Alz. Von Süden her kam eine Straße vom Pass Thurn und führte über Töging nach Regensburg und Passau. Auch auf dem Chiemsee gab es regen Verkehr, wie die in den letzten Jahren ausgegrabenen Hafenanlagen zeigen. Bedaium gehörte zum römischen Verwaltungsbezirk Iuvavium innerhalb der Provinz Noricum. Es war der Hauptort der keltischen Alaunen. Hier stand der

Tempel des keltischen Lokalgottes Bedaius, wie zahlreiche in der Umgebung gefundene Weihealtäre mit Inschriften vermuten lassen. Mindestens seit dem Ende des 2. Jahrhunderts lag in Bedaium eine kleine Truppe, die für Unterhaltung und Überwachung der Straße und des Hafens zuständig war. Am Ende des 3. und 4. Jahrhunderts sicherte an der Stelle der heutigen Kirche ein Kastell den Ort und die Brücke. Bald nach 400 zog das Militär ab. Aus dem römischen „Bedaium" wurde das frühchristliche „Potena" und schließlich das mittelalterlich-bayerische „Prucca" als Vorläufer des heutigen Seebruck.

Auf dem Platz des ehemaligen römischen Kastells steht heute die Kirche St. Thomas und St. Stephan, deren Bau (1474 – 1478) vom Meister Jörg aus Schnaitsee stammt. Auch der bekannte bayerische Heimatdichter Ludwig Thoma, dessen Mutter das „Gasthaus zur Post" betrieb, war oft Gast in Seebruck.

Der Brückenplatz Seebruck blickt auf eine mehrtausendjährige Siedlungsgeschichte zurück. Kontinuierliche Bodenforschung legte ein faszinierendes Bild der Vergangenheit frei, das der Besucher im Römermuseum Bedaium in überschaubarer und wissenschaftlich untermauerter Form dargestellt findet. Seebruck gilt heute in Fachkreisen als einer der besterforschten Römerorte in Bayern. In zahlreichen Grabungskampagnen durch das Landesamt für Denkmalpflege konnten neben der archäologischen Freilegung und Vermessung antiker Gebädereste riesige Mengen an Kleinfundmaterial wie Glas, Keramik, Münzen, Metallgeräte und Schmuckgegenstände sichergestellt und dem Museum übergeben werden.

Die Ausstellung im Römermuseum, von der Prähistorischen Staatssammlung in München besorgt sowie wissenschaftlich

Nachbau eines Keltengehöfts bei Stöffling

und konservatorisch betreut, gibt einen hervorragenden Überblick. Didaktisch gelungene Bildtafeln, Grafiken und ausgewählte Exponate vermitteln im Erdgeschoss des Museums eine Einstimmung in das museale Anliegen. In hellen Ausstellungsräumen im oberen Stockwerk wer-

Knochen und Zähne des Siegsdorfer Mammuts

den in 18 modernen Schauvitrinen dem Besucher die Exponate präsentiert. Mithilfe von mehr als 500 Schaustücken wird ein historischer Bogen gespannt, der von der Vorgeschichte über die Stein- und Bronzezeit bis hin zu den frühen Kelten reicht. Daran schließen sich Zeugnisse aus einem halben Jahrtausend norisch-keltischer

Wetterumschwung über dem Weitsee

Dorfgemeinschaft und römischer Benefiziarierstation an, bis sich das Frühmittelalter mit Spuren einer Ansiedlung erster Bajuwaren ankündigt.
Als Gast am Chiemsee kommt man an einem Besuch der Fraueninsel kaum vorbei. Die Beschreibungen der drei Touren auf den beiden größten Chiemseeinseln erzählen, warum.
Die Menschen am Chiemsee wissen, wie wichtig Natur und Kultur bei der Lösung aller Zukunftsfragen sind. So haben 1978 bereits die Chiemseegemeinden die Initiative ergriffen und den Abwasserzweckverband zur Reinhaltung des Chiemsees (AZV) mit Sitz in der Gemeinde Rimsting – zunächst als Planungsverband – gegründet. Ziel war die Errichtung einer Ringkanalisation um den Chiemsee und einer Gemeinschaftskläranlage. Damit hatte man eine längst überfällige Jahrhundertaufgabe des Gewässerschutzes in Angriff genommen. Nach langer Standortsuche wurde im Jahre 1985 der Bauentwurf vorgelegt und der AZV (www.azv-chiemsee.de) als Bau- und Betriebszweckverband gegründet. Kurz darauf wurde mit dem Bau des ehrgeizigen Projekts begonnen.
Nach nur vier Jahren konnte es bereits am 24. November 1989 in Anwesenheit von Bundespräsident Richard von Weizsäcker in Betrieb genommen werden. Über 10 000 m^3 Abwasser aus den zehn Chiemseegemeinden fließen bei Trockenwetter täglich der Kläranlage zu und werden nach strengen gesetzlichen Vorschriften gereinigt. Unter anderem werden beim Reinigungsprozess alljährlich 40 t Phosphor und 1200 t Stickstoff im Abwasser abgebaut. Das Ergebnis kann sich sehen lassen: Das Ziel der Chiemseereinhaltung von Abwasser aus Haushalten und Gewerbebetrieben ist damit erreicht worden. Es zeigte sich schnell, das neben der Aufga-

Die Fraueninsel aus der Luft

Berufsfischer bei der Arbeit

be der Reinhaltung des Chiemsees durch Abwassermaßnahmen eine Reihe weiterer gemeinsamer Aufgaben im Umweltbereich anstanden. So folgte konsequenterweise ein weiterer sehr wichtiger Schritt. Die zehn Chiemseegemeinden entschlossen sich im Jahr 2000 zur Überführung des Abwasserzweckverbandes in den Abwasser- und Umweltverband Chiemsee, der sich von da an auch der Umweltbelange rund um den Chiemsee annahm.

Besondere Bedeutung erlangten die Veranstaltung der Chiemseekonferenzen, der Vollzug des Gewässerentwicklungsplans Chiemsee und die Durchführung einer regionalen Chiemseeagenda 21. Letztere mit dem Ziel einer nachhaltigen Regionalentwicklung als Daueraufgabe. Auf der Basis der zwischenzeitlich international unstrittigen Vorgabe „Von den Erträgen leben, nicht von der Substanz!" wurde die Chiemseeagenda im Jahr 2001 durch den Abwasser- und Umweltverband Chiemsee (AZV) ins Leben gerufen. Seither beschäftigen sich in den jeweiligen Chiemseegemeinden örtliche Agenda-Arbeitsgruppen mit den Themen Energie, Verkehr und Wirtschaft und sonstigen Agenda-21-Aktivitäten, die im Rahmen verschiedener Projekte in den jeweiligen Gemeinden Bedeutung haben.

Blick auf Rimsting

Ein spätes Boot auf dem abendlichen See

II. Der Chiemsee – das Bayerische Meer

Der Chiemsee ist nach dem Bodensee und der Müritz der drittgrößte deutsche See. Das 13,7 km lange und 9,2 km breite Gewässer wird manchmal auch liebevoll das Bayerische Meer genannt. Bei einer gesamten Seefläche von knapp 8000 ha verfügt es über eine Uferlänge – ohne die Inseln – von etwa 64 km. Seine drei Inseln, die Herreninsel (238 ha), die Fraueninsel (15,5 ha) und die unbewohnte Krautinsel (3,5 ha), bilden zusammen die Gemeinde Chiemsee. Sie ist Teil der Verwaltungsgemeinschaft Breitbrunn, die zum oberbayerischen Landkreis Rosenheim gehört. Als Kuriosum ist auch noch die 22 m^2 große gemeindefreie Insel Schalch zu nennen. Seinen Namen hat der See, wie auch der Ort Chieming und der gesamte Chiemgau, von einem Grafen mit dem Namen Chiemo erhalten.

Schönwetterwolken über dem Chiemsee

Wie viele andere Voralpenseen entstand der Chiemsee am Ende der letzten Eiszeit vor etwa 10 000 Jahren als Ausschürfung eines gewaltigen Gletschers. Einst hatte der See mit etwa 240 km^2 die dreifache

Seefläche von heute. Vor etwa 100 Jahren wurde der Wasserspiegel um einen Meter abgesenkt. Dadurch wurden große Flächen trockengelegt und nachfolgend landwirtschaftlich genutzt. Der größte Zufluss des Chiemsees ist die Tiroler Achen, der einzige Abfluss die Alz. Mit seinen beiden Zuflüssen Tiroler Achen und Prien gelangen erhebliche Mengen Geröll, Sand und Feinsterde in den See, der dadurch zunehmend verlandet. Der Chiemsee ist der zentrale Bereich des Chiemgaus, wie die Landschaft um den Chiemsee genannt wird. Diese Region gehört zu den beliebtesten Erholungsgebieten Deutschlands. Das belegen die Gästezahlen eindrucksvoll.

Windsurfer auf dem stürmischen Chiemsee

Der besondere landschaftliche Reiz des Chiemsees kommt durch die unmittelbare Nähe der Chiemgauer Berge (Hochfelln, Hochgern, Hochplatte und Kampenwand) zustande. Seinen hohen Bekanntheitsgrad hat der See durch zwei seiner drei größeren Inseln erlangt, die Fraueninsel und die Herreninsel. Fast eine halbe Million Menschen, darunter Gäste aus der ganzen Welt, besuchen die Herreninsel, die mit ihren beiden Schlössern und den Parkanlagen über eine außerordentliche Anziehungskraft verfügt. Drei der in diesem Buch beschriebenen Touren führen über die Chiemseeinseln. Die dritte Insel – die Krautinsel – ist unbewohnt. Außerdem gibt es drei sehr kleine Inseln: den Schalch an der Fraueninsel sowie zwei namenlose, baumbestandene Inselchen südlich der Krautinsel, mit jeweils wenigen Quadratmetern Fläche.

Blick auf die Schafwaschener Bucht

Regattasegler auf dem Chiemsee

Wie auf einigen Luftaufnahmen in diesem Führer gut zu sehen, ist der Chiemsee durch folgende Buchten (Winkel) markant unterteilt: durch die Schafwaschener Bucht (Aiterbacher Winkel), den Kailbacher Winkel, den Mühlener Winkel im nordwestlichen Seebereich, der Irschener Winkel im südwestlichen Teil des Sees und die Hirschauer Bucht im südöstlichen Teil des Chiemsees. Der Chiemsee gliedert sich in den größeren, offenen Weitsee im Nordosten sowie den sogenannten „Inselsee" im Südwesten. Im Weitsee wurden auch die größten Seetiefen erreicht. Mit 72,7 m (Stand: 2005) wurde die maximale Tiefe im Bereich der „Unschuldigen-Kinder-Grube" gemessen.

Von landschaftlich ganz besonderem Reiz sind auch die zwischen den Buchten in den See ragenden Halbinseln. Während die drei größeren Inseln die Gemeinde Chiemsee bilden und zum Landkreis Rosenheim gehören, bildet die übrige Wasserfläche des Sees ein gemeindefreies Gebiet des Landkreises Traunstein. Die Kreisgrenze verläuft genau am Westufer des Sees. Nur einige Seitenbuchten in der Nähe von Rimsting und bei Bernau zählen zum Landkreis Rosenheim.

Noch bis in die späten Achtzigerjahre des vorigen Jahrhunderts war der See durch Abwässer außerordentlich belastet. So flossen allein jährlich 115 t Phosphat in den See. Erst mit der 1989 in Betrieb genommenen Ringkanalisation konnte eine

Blick auf die Halbinsel Sassau und das Chiemseeufer südlich der Prienmündung

Steg bei Seebruck

Trendwende in der Wasserqualität des Sees erreicht werden. Heute darf dem Seewasser wieder an allen Stellen ausgezeichnete Badewasserqualität attestiert werden.

Aufgrund seiner geographischen Lage, seiner Größe und seiner zahlreichen Flachwasserzonen, Verlandungsbereiche und naturnaher Uferstreifen zählt der Chiemsee zu den ökologisch wertvollsten Gebieten Deutschlands. Auch im internationalen Vergleich gehört er zu den herausragenden Regionen. So ist er bereits seit Inkrafttreten der Ramsar-Konvention im Jahr 1975, dem internationalen Übereinkommen über Feuchtgebiete, als Lebensraum für Wasser- und Watvögel von internationaler Bedeutung anerkannt.

Die ursprünglichsten Lebensräume befinden sich am Achendelta

Auf europäischer Ebene unterliegen große Landschaftsteile dem Schutz der sogenannten Fauna-Flora-Habitat- oder FFH-Richtlinie. Zusammen mit der Vogelschutz-Richtlinie bildet sie die Grundlage eines europäischen ökologischen Verbundnetzes mit der Bezeichnung „Natura 2000", das die biologische Vielfalt durch Schutz der natürlichen Lebensräume sowie der wild lebenden Tiere und Pflanzen in den Mitgliedstaaten aufrechterhalten

Verlandung des Chiemsees an der Prienmündung

soll. Heute besteht in allen Chiemseegemeinden Übereinstimmung darüber, dass dies eine große Verpflichtung für die Menschen am Chiemsee darstellt. Die Verantwortlichen haben erkannt, dass nur eine wirksam geschützte Natur eine tragfähige Grundlage für die nachhaltige Nutzung des Gebietes sein kann und die wesentliche Grundlage des Handelns darstellt. Auch wenn es noch einige wunde Punkte gibt, kann sich das bisher Erreichte sehen lassen.

Abendstimmung am Chiemseeufer

Aber wie steht es um die ferne Zukunft des Chiemsees? Wird es den Chiemsee noch geben, oder wird er wie seine eiszeitlichen Nachbarn Salzburger See und Rosenheimer See durch Verlandung verschwinden? Und wenn ja, wie lange dauert dies? Die rasante Verlandung der Hirschauer Bucht an der Achenmündung und im Schafwaschener Winkel an der Prienmündung haben eine Reihe von Fachuntersuchungen ausgelöst, deren Ergebnisse nun vorliegen. Das Fazit ist eindeutig: Die negativen Auswirkungen der Verlandung können innerhalb enger Grenzen gemildert, aber nicht gestoppt werden.

Das Wasserwirtschaftsamt Traunstein, das für Planung und Umsetzung von Maßnahmen zuständig ist, spricht davon, dass „es auch in Zukunft darum gehen wird, auf einem ‚Weg der kleinen Schritte' der weiteren Verlandung tendenziell entgegenzuwirken" – um das Leben des Chiemsees zu verlängern. Nach heutigem

Nahezu Windstille am bayerischen Meer

Kenntnisstand wird der Chiemsee in etwa 8000–10000 Jahren komplett verlandet sein. Die Hauptursache dafür ist nicht, wie vielfach angenommen, der Kies, der in der Gewässersohle transportiert wird, es sind vielmehr die Schwebstoffe, die in erster Linie über die Tiroler Achen in den Chiemsee gelangen. Sie kommen überwiegend aus Tirol, aus dem Raum Kitzbühel. Schwebstoffe sind feinkörnige Mineralien wie Tone und Sande, die mit dem Wasser transportiert werden und als „braune Brühe" in den Chiemsee fließen.

Im Beobachtungszeitraum von 1926 bis 2000 schwankten die Jahresmengen der Schwebstoffe dabei von wenigen Tausend m^3 bis hin zu 450000 m^3. Pro Jahr sind das im Schnitt ca. 170000 m^3 Einzelne Hochwässer können bis zu 185000 m^3 in den See transportieren. Bei den Untersuchungen konnte festgestellt werden, dass es südlich von St. Johann im Raum Kitzbühel sehr labile und erosionsanfällige Gesteine, die sogenannte Grauwackenzone, gibt. Von dort kommen bis zu 80% der Schwebstoffe her.

Die Forscher der Technischen Universität München haben auch den Verlandungsprozess im Chiemsee selbst untersucht. Die Ergebnisse haben gezeigt, dass eine stärkere Verlandung in den östlichen Buchten auftritt und das Delta sich bis zu 25 m pro Jahr in den See vorschiebt. In erster Linie wird dieser Vorschub durch Sande verursacht, die die Tiroler Achen mit sich bringt. Interessant war auch, was sich mit Hilfe von Pollenanalysen zeigen ließ: dass die Verlandung mit der ersten Besiedelung des Einzugsgebiets durch den Menschen anstieg. Mittels Radioaktivitätsmessungen an den Bohrkernen ließ sich auch erkennen, dass in den letzten 50 Jahre Verlandungshöhen von wenigen Zentimetern im Weitsee oder in den nordwestlichen Buchten und bis zu 3 m nahe am Delta erreicht worden sind.

Im Rahmen der Untersuchungen wurde geprüft, ob Schwebestoffe im bayerischen Einzugsgebiet zurückgehalten werden können. Dazu fehlt vor allem Raum zur Anlage großer Rückhalteflächen bzw. -becken, in denen sich die Schwebstoffe absetzen können. Das Fazit: Ausreichende Rückhalteflächen stehen im bayerischen Einzugsgebiet des Chiemsees für einen wirkungsvollen Schwebstoffrückhalt aufgrund der Enge des Achentals, der dichten Besiedelung und der intensiven Landwirtschaft derzeit nur sehr begrenzt zur Verfügung.

Mündung eines Wassergrabens in den Chiemsee

III. Leben und Wohlfühlen

Als Gast in einer der schönsten Landschaften Bayerns

Wer den Chiemsee und seine Umgebung einmal kennengelernt hat, wird wiederkommen. Wiederkommen als Kurzzeitgast oder Urlauber in einer einzigartigen Landschaft, in der es sich mit einer faszinierenden Natur und freundlichen Menschen gut leben lässt. Auch wenn einmal das Wetter nicht mitspielt, finden Sie hier zahlreiche Möglichkeiten, sich wohlzufühlen. Das reiche Kulturerbe, die Eigenart der Region und die Gastfreundschaft der Menschen wird Sie in ihren Bann ziehen. In diesem Kapitel möchten wir Ihnen erste Informationen über das Klima, die Menschen und das Essen und Trinken in der Region geben. Wir möchten Sie anregen, Neues zu entdecken und aus der Fülle des Angebots zu schöpfen.

Das Klima

Eisskulpturen am Schilfhalm

Das Klima am Chiemsee wird in besonderem Maße durch seine Lage am Alpennordrand geprägt. Mit 1200 mm liegen die mittleren Jahresniederschläge deutlich höher als die im übrigen Deutschland. In Gebirgsorten unweit des Chiemsees werden jedoch noch höhere Jahresniederschläge von 2000 mm und darüber gemessen. Die Niederschlagsmaxima werden im Sommer erreicht. Die Tage mit Schneefall werden von den Meteorologen mit etwa 50 angegeben.

Wie bei allen größeren Gewässern, kommt es zu einem Temperaturausgleich, der sich im Sommer mit etwas geringeren und im Winter mit etwas höheren Temperaturen als im Umland bemerkbar macht. Die Jahrestemperaturschwankungen liegen am Chiemsee bei ca. 19,1 °C. Die Anzahl der Frosttage, bei der die Temperaturen unter den Gefrierpunkt sinkt, wird mit 130 angegeben. An 30 bis 40 Tagen, den

Eindrucksvoller Himmel über der Fraueninsel

Angetriftetes Treibholz am Ufer der Hirschauer Bucht

sogenannten Eistagen, steigt die Tagestemperatur im Durchschnitt nicht über 0 °C. An 25 Tagen pro Jahr werden im Durchschnitt Temperaturen über 25 °C gemessen.

Die Niederschläge kommen vor allem dadurch zustande, dass am Alpenrand bei westlichen und nördlichen Winden ein Stau von feuchten Luftmassen entsteht, die in die Höhe gedrückt werden, abkühlen und dann abregnen. Hierbei kommt es auch häufig zu länger anhaltenden Niederschlägen.

Ein besonderes Wetterphänomen ist der Föhn, ein warmer Fallwind, der am Chiemsee bei Nordstau als warmer Südwind auftritt. Er bringt dem Chiemgau oft sonnige Tage, eine traumhafte Sicht auf die Berge sowie herrliche Bade- und Wandertage. Besonders im Herbst nutzen dies viele Menschen für einen Ausflug am See oder in die nahen Chiemgauer Berge. Bei wetterfühligen Menschen kann er aber auch Migräne auslösen.

Heiteres Urlaubswetter herrscht am Chiemsee durchschnittlich an 45 Tagen im Jahr. An 150 Tagen ist der Himmel mehr als 80 % mit Wolken bedeckt. Die Anzahl der Nebeltage beträgt im Jahresdurchschnitt 50. Wer einen Tag mit Nebel erlebt, kann sich behelfen, indem er einen Ausflug in die in geringer Entfernung vom Chiemsee liegenden Orte Sachrang oder Reit im Winkl macht und dort die Sonnenstrahlen genießt.

Die Wasserstände des Chiemsees schwanken im mehrjährigen Mittel um etwa 150 cm. Entsprechend den Jahresunterschieden in den Niederschlägen werden die höchsten Wasserstände im Sommer erreicht. Die Hochwasserspitzen können

Surfvergnügen auf dem stürmischen Chiemsee

Ein seltenes Vergnügen: ein Spaziergang auf dem Eis des Chiemsees zur Fraueninsel

mehr als einen Meter über den mittleren Pegelstand ansteigen.

Für Segler ist der Chiemsee berüchtigt für seine in kürzester Zeit aufziehenden Gewitter und damit einhergehenden Stürme, die schon manchen in Bedrängnis gebracht haben.

Auch im Winter zeigt sich in gewissen Jahren der Chiemsee von einer ganz besonderen Seite: Dann frieren seine flachen Buchten, manchmal sogar der Inselsee zu und verwandelt sich in ein Paradies für Eisstockschützen, Schlittschuhläufer, Eissegler und Eiswanderer jedes Alters. Wer einmal das Spiegeleis auf dem Chiemsee oder auf einem der Seen der Eggstätt-Hemhofer Seenplatte erlebt hat, wird dieses Erlebnis nie wieder vergessen. Wenn das Eis eine ausreichende Tragfähigkeit erreicht hat, kann man sogar zu Fuß von Prien-Stock auf die Chiemseeinseln wandern. Dies ist jedoch bei Weitem nicht in jedem Winter möglich.

Bei schlechtem Wetter lassen die beiden Bäder, das Prienavera in Prien und die Gesundheitswelt Bad Endorf, keine Wünsche offen. Sie verfügen über ein vielfältigeres Gesundheits- und Wellnessangebot und laden zum Bad im 34 °C warmen Wasser oder ein paar Saunagängen in modernen Badelandschaften ein. Die Gesundheitswelt in Bad Endorf kann sogar mit einer der stärksten Jod-Thermalsole-Quellen Europas aufwarten. Lassen Sie die gesunden Heilstoffe des Wassers mit ihren vielfältigen positiven Effekten nachhaltig auf Körper, Geist und Seele wirken.

Eisvergnügen auf dem zugefrorenen Chiemsee in der Schafwaschener Bucht

Die Menschen

Die Menschen am Chiemsee haben sehr unterschiedliche Wurzeln. Hier leben miteinander traditionsbewusste Altbayern, Zugereiste aus verschiedensten Phasen der jüngeren Zeitgeschichte und Menschen, die in der Region ihren Zweitwohnsitz gewählt haben. Auch am Chiemsee wachsen heute zunehmend Kinder auf, die den bayerischen Dialekt gar nicht mehr oder nur noch teilweise beherrschen.

Dennoch: Tradition und Brauchtum werden im Chiemgau großgeschrieben. Ob es um die Pflege des Brauchtums in den Trachtenvereinen, die Pflege der bäuerlichen Theaterkunst oder der Volksmusik in den zahlreichen Gesangs- und Musikvereinen geht, viele Menschen am Chiemsee engagieren sich ehrenamtlich in diesen Bereichen. Es ist nicht vorstellbar, dass etwa das traditionelle Aufstellen eines Maibaums, die Leonhardiritte, oder die zahlreichen See- und Dorffeste nicht zum alljährlichen Kulturgeschehen in den Dörfern rund um den Chiemsee gehören.

Sonntagsspaziergang

Bäuerliches Pferdegespann auf einem Festzug in Breitbrunn

Transport des Maibaums zum Aufstellungsort in Wildenwart

Das Maibaumaufstellen gehört zu den ersten besonderen Veranstaltungen des Jahres. Es geht nach gesicherten Quellen auf eine keltische Tradition zurück. Als Symbol der Fruchtbarkeit gilt der Baum angeblich bereits über 8000 Jahre. Als Aufstellungstermin gilt seit Langem der 1. Mai. Das Brauchtum um den Maibaum wird von den Burschenvereinen der Gemeinden erhalten und gepflegt. Besonders das Stehlen des Maibaums wird nach strengen Ritualen zelebriert. Einige Wochen vor dem 1. Mai herrscht daher in vielen Gemeinden im Chiemgau Ausnahmezustand. Die Burschen arbeiten fleißig an ihrem „Stangerl" und freuen sich auf den Tag, an dem ihr weiß-blaues Schmuckstück aufgestellt wird.

Doch für manche ist die eigentliche Herausforderung, den Maibaum im Nachbardorf zu stehlen, wobei die „königlich bayerischen Regeln" eingehalten werden müssen. So darf der Baum etwa beim Stehlen nicht beschädigt werden, und vor allem hat das Stehlen so abzulaufen, dass auf gar keinen Fall die Justiz eingeschaltet werden muss. Für den gestohlenen Maibaum muss eine angemessene Auslöse bezahlt werden, im Regelfall ein paar Fässer Bier und eine anständige Brotzeit.

Die Landwirtschaft um den Chiemsee, die die Kulturlandschaft des Chiemgaus maßgeblich geprägt hat, wird von der Milchviehhaltung dominiert. Im Chiemgau hat ein außerordentlich starker Strukturwandel dazu geführt, dass viele Landwirte ihre Betriebe aufgegeben haben und in den Dörfern nur noch wenige Vollerwerbsbetriebe vorhanden sind. Die noch verbliebenen Betriebe haben ihre Betriebsflächen durch Zupacht vergrößert und verfügen über moderne Stallungen mit größeren Viehbeständen und einem hochtechnisierten Maschinenpark. Ein Großteil der Menschen am Chiemsee pendelt zu ihren Arbeitsplätzen in die größeren Orte oder die beiden Städte Rosenheim und Traunstein.

Sundowner mitSeeblick

Essen & Trinken

Wer am Chiemsee und der Umgebung unterwegs ist, findet genügend Orte, an denen Essen und Trinken großgeschrieben werden und den Aufenthalt am Chiemsee zum bleibenden Erlebnis werden lassen. Prächtige Wirtshäuser mit traditioneller oberbayerischer Küche, in denen heimische Produkte verwendet und gepflegte Biere gezapft werden, befinden sich rund um den Chiemsee und auch im Hinterland.

Schönes Plätzchen: Biergarten direkt am Wasser

Es ist gar nicht schwer, diese Orte der Gemütlichkeit zu finden. Neben den Wirtshäusern, die in diesem Führer empfohlen werden, lassen sich eine Reihe von Gasthöfen und Restaurants finden. Am besten fragt man unmittelbar vor Ort nach ihnen. Eine Reihe dieser Wirtshäuser haben eine lange Tradition und werden auch heute noch als Familienbetrieb geführt. Manche

Sonnenuntergang– erlebt vom Biergarten des Chiemgauhofs bei Feldwies

können vorweisen, dass sich die Wurzeln ihrer Tradition bis in das 15. Jahrhundert zurückverfolgen lassen.
Bei einem Besuch am Chiemsee sollte man es nicht versäumen, neben den zahlreichen Klassikern der bayerischen Küche besondere Spezialitäten wie frische Chiemseefische zu probieren. Geräuchert, gebraten oder blau sind Chiemseerenken ein besonderer Gaumenschmaus. Aber auch Chiemseehecht, Zander, Brachse und Schratz (lokaler Name für den Flussbarsch), die je nach Fangsituation auch im Angebot sein können, sind anspruchsvolle Spezialitäten aus der Fischküche des Chiemsees.
Neben den Traditionswirtshäusern finden Sie am Chiemsee und in Chiemseenähe aber auch eine ganze Reihe Restaurants und Hotelgasthöfe, in denen auch die Liebhaber der verfeinerten Küche auf ihre Kosten kommen. Im „Who is who" der bayerischen Gastronomie sind auch immer einige Häuser vom Chiemsee vertreten. Einige von Ihnen verfügen darüber hinaus auch noch über eine einzigartige Lage mit traumhaftem See- und Bergblick.
Beim Trinken rangiert das Bier an erster Stelle. Nicht selten haben Sie hierbei die Qual der Wahl. Ausgeschenkt werden vor allem verschiedenste Biere lokaler Brauereien – etwa der Klosterbrauerei Baumburg, der Schlossbrauerei Stein in Stein an der Traun oder von der Brauerei Rothmoos bei Halfing – oder bayerischer Traditionsmarken. Auf eine besonders lange Tradition kann das Hofbräuhaus Traunstein zurückblicken. Es wurde vom bayerischen Herzog und späteren Kurfürsten Maximilian I. mit dem Beinamen „der Große" bereits im Jahr 1612 als „Weißes Bräuhaus" gegründet. Das traditionsreiche „Traunsteiner Hofbräuhaus" führt immer noch das alte kurfürstliche bayerische Wappen mit Löwen und weiß-blauen Rauten als Symbol.
Wie überall, gibt es aber auch Lokale, die in der Gunst der Gäste nicht gerade gut

Geräucherte Renken – eine sehr empfehlenswerte Delikatesse vom Chiemsee

abschneiden. Manchmal dort, wo sich die Brennpunkte des Tourismus am Chiemsee befinden. Es lohnt sich also, die Empfehlungen in diesem Führer (ab Seite 146) zu studieren.

Einladung zur „Linde" auf der Fraueninsel

IV. Der Chiemsee und seine Erlebnis-Highlights

Was man als Gast am Chiemsee unbedingt wissen sollte

Als Gast am Chiemsee haben Sie eine Fülle von Möglichkeiten, ihren Aufenthalt zu gestalten: wandern, baden, Rad fahren, Boot fahren, Tennis spielen, Ballon fahren, schwimmen, bergsteigen, bergwandern, reiten und vieles mehr. In diesem Kapitel möchten wir Sie über ein paar Erlebnishighlights informieren, die Sie zur Gestaltung Ihres Urlaubs kennen sollten. So gehört eine Fahrt mit einem der Schiffe der Chiemsee-Schifffahrt zu den Chiemseeinseln sicher zu den Höhepunkten Ihres Aufenthalts am Bayerischen Meer. Ebenso erhalten Sie Tipps, wo Sie die schönsten Winkel am Chiemsee finden, um dort ruhige Stunden zu verbringen oder den Tag ausklingen zu lassen. Wer Lust zum Baden hat, erhält von uns ein paar Empfehlungen zu herausragenden Plätzen.

Schiffsfahrten auf dem See

Das ganze Jahr verkehren die Linienschiffe der Chiemsee-Schifffahrt (www.chiemsee-schifffahrt.de) von den Häfen Prien/Stock und Gstadt auf die Frauen- und Herreninsel oder rund um den See, denn im Sommer werden zusätzlich die Orte Seebruck, Chieming, Übersee/Feldwies und Bernau/Felden angefahren. Die Flotte der Chiemsee-Schifffahrt besteht aus 15 Schiffen, darunter auch der stattliche Raddampfer RMS „Ludwig Fessler", Baujahr 1926. Mit einer Länge von 53,00 m und einer Breite von 11,60 m hat er Platz für 685 Personen. Die Anzahl der Sitzplätze beträgt 461. Das größte Schiff ist die MS „Edeltraud" aus dem Jahr 1970 mit einer Länge von 50,50 m und einer Breite von 9,05 m. Sie hat Platz für 1007 Personen, wovon 574 einen Sitzplatz erhalten. Für Feiern und Veranstaltungen an Bord werden verschiedene Schiffe, hauptsächlich solche mit einer Kapazität bis zu 350 Personen eingesetzt.

Wenn Sie die traumhafte Aussicht auf den Chiemgau und das Bayerische Meer genießen wollen, empfehlen wir Ihnen, mit den Schiffen der Chiemsee-Schifffahrt eine „große Rundfahrt" zu machen. Auf einer etwa zweieinhalbstündigen Fahrt besuchen Sie zuerst die Herreninsel. Dort können Sie die abwechslungsreichen Wege zu einem Spaziergang nutzen oder das wunderschöne Schloss des Königs Ludwig II. besichtigen. Danach steht ein Besuch der Fraueninsel auf dem Programm. Auf der weiteren Rundfahrt Richtung Seebruck und Chieming können Sie sich einfach zurücklehnen und den Blick auf den See und die Chiemgauer Alpen genießen. Die große Rundfahrt findet fünfmal am Tag statt. Je nach Belieben können Sie entweder auf den Inseln aussteigen und mit einem weiteren Schiff Ihre Rundfahrt fortsetzen, oder Sie verbringen die gesamte Fahrt ohne auszusteigen auf dem See.

Neben den Linienschiffen und den zahlreichen Segelbooten unterschiedlichster Typen verdient ein sehr ursprüngliches Segelboot aus Holz besondere Erwähnung. Es ist die Chiemseeplätte, einst ein Fischerboot, das zu einem Segelboot umgebaut wurde und auf dem Chiemsee mit dem charakteristischen Lindenblatt-Symbol auf dem Segel zu sehen ist.

Zwei Chiemseeplätten – die traditionellen Segelboote des Chiemsees

Raddampfer „Ludwig Fessler" – der Klassiker der Chiemseeflotte

Die Chiemseeinseln

Bei einem Aufenthalt am Chiemsee gehört ein Besuch der Chiemseeinseln, der Fraueninsel oder der größeren Herreninsel, zu den fast unverzichtbaren Höhepunkten Ihres Urlaubs. Dorthin gelangen Sie in regelmäßigen Verbindungen mit einem der Schiffe der Chiemsee-Schifffahrt von Prien-Stock oder von Gstadt. Zur kleinsten Gemeinde Oberbayerns gehören die 240 ha große Herreninsel, die mit ca. 12 ha wesentlich kleinere Fraueninsel und die unbewohnte Krautinsel. Die Inseln im Chiemsee gelten als seit der Steinzeit besiedelt.

Die Chiemseeinseln aus der Luft

Dramatische Wolkenstimmung über der Fraueninsel

Heute hat die Gemeinde Chiemsee knapp 300 Einwohner und gehört zur Verwaltungsgemeinschaft Breitbrunn am nördlichen Ufer des Chiemsees. Auf den Chiemseeinseln finden Sie in zauberhafter Umgebung Hotels, Pensionen und Privatquartiere für unterschiedlichste Ansprüche. Zu den besonderen Ereignissen auf der Insel zählt etwa der in der Adventszeit an zwei Wochenenden stattfindende Christkindlmarkt.

Der Name der Fraueninsel leitet sich vom ältesten Nonnenkloster Deutschlands her, das 782 vom Bayernherzog Tassilo III. gegründet worden ist. Die erste namentlich bekannte Äbtissin ist die selige Irmengard. Ihre Gebeine werden im Münster auf der Fraueninsel verehrt. Auch heute lebt im Kloster noch eine Gemeinschaft der Benediktinerinnen (www.frauenwoerth.de). Die Nonnen des Klosters Frauenwörth betreiben ein Tagungshaus, das ganzjährig Seminare und Kurse anbietet.

Als Wahrzeichen der Insel gelten der frei stehende Kampanile und die karolingische Torhalle, der älteste Hochbau Süddeutschlands. Die zauberhafte Fraueninsel ist für ihre Gastfreundschaft, ihre Räucherfischspezialitäten und die Erzeugnisse der Inseltöpferei und des Klosters bekannt. Liebhaber von Kunst und Musik können Konzerte im Münster und Ausstellungen in der Torhalle oder in privaten Ausstellungsräumen besuchen.

Mit dem prächtigen Königsschloss ist die Herreninsel wohl eine der Hauptattraktionen der gesamten Region. Jährlich kommen fast eine halbe Million Menschen aus der ganzen Welt dorthin. Das Neue Schloss wurde in den Jahren 1878 bis 1885 von König Ludwig II. von Bayern als Nachbildung

Latonabrunnen vor dem Neuen Schloss auf der Herreninsel

des Schlosses Versailles in Frankreich erbaut, jedoch nie fertiggestellt. Historisch bedeutsamer ist das sogenannte „Alte Schloss", die Gebäude des Augustiner-Chorherrenstiftes, das 1803 säkularisiert worden ist. Im Jahr 1948 tagte hier der Verfassungskonvent der jungen Bundesrepublik Deutschland. Die Herreninsel befindet sich im Besitz des Freistaates Bayern. Das Neue Schloss und verschiedenste Ausstellungen können ganzjährig besichtigt werden.

Spiegelsaal im Neuen Schloss auf der Herreninsel

Die schönsten Winkel rund um den See

Auch wenn es Geschmackssache ist, welcher Platz oder Winkel als schön oder sehr schön empfunden wird, möchten wir Ihnen an dieser Stelle des Führers ein paar hübsche Winkel am Chiemsee und in seiner Umgebung nennen, die Ihnen besonders gefallen könnten.

Malerischer Brückenübergang beim Greamandlweiher an der Prienmündung

Die Auswahl erhebt keinen Anspruch auf Vollständigkeit. Sie soll vielmehr als Anregung zum Ausprobieren verstanden werden.
An der Prienmündung im Bereich der Gemeinde Rimsting finden Sie sehr schöne Plätze zum Baden oder Picknickmachen. Eine gepflegte und lange Promenade mit einer Reihe schöner Einkehrmöglichkeiten zieht sich in Chieming am Chiemseeufer entlang. Einen besonders naturnahen Winkel finden Sie in der Hirschauer Bucht. Hier können Sie einen Besuch auf dem Vogelbeobachtungsturm mit einer Einkehr in der urgemütlichen Ausflugsgaststätte Hirschauer Bucht verbinden. Der Bereich nördlich des Strandbades Übersee gehört sicher zu den schönsten Uferbereichen des Chiemsees. Von hier können Sie zau-

Steg an einem der schönsten Strandabschnitte bei Feldwies

berhafte Sonnenuntergänge erleben oder ein Traumpicknick mit Ihren Lieben genießen.

Auf der Herreninsel finden Sie abseits der normalen Pfade stille, schöne Winkel. Dazu gehört etwa der Bereich um die Kreuzkapelle am Nordwestufer der Insel, den Sie in wenigen Gehminuten vom Dampfersteg erreichen.

Am Nordufer des Chiemsees bietet etwa der Abschnitt bei Gollenshausen und Lambach Plätze mit traumhaftem See- und Bergblick.

Besonders reizvoll ist die Schafwaschener Bucht im Hochwinter, wenn sie mit einer tragenden Eisschicht bedeckt ist – ein Traum für alle Eisstockschützen, Schlittschuhläufer und Eissportinteressierte.

Rund um das Kloster Seeon und den nördlichen Klostersee finden Sie eine Reihe schöner und stiller Plätze, die zum Rasten oder zum Einkehren einladen.

Kapelle zum Heiligen Kreuz am Nordufer der Herreninsel

Ein außergewöhnliches und im Regelfall nicht überlaufenes Ausflugsziel ist Kloster Baumburg. Nach einem Besuch der altehrwürdigen Stiftskirche können wir Ihnen eine Einkehr in das Bräustüberl Baumburg auf dem Klostergelände empfehlen.

Eisstockschießen auf der zugefrorenen Schafwaschener Bucht

Die schönsten Badeplätze

Eigentlich ist es nicht schwer, am Chiemsee einen schönen Badeplatz zu finden. Wir möchten Ihnen dennoch ein paar besonders hübsche Stellen empfehlen, an denen Sie für sich und Ihre Lieben immer ein schönes Plätzchen finden.

Strandbad von Breitbrunn am Chiemsee – eines der schönsten am Chiemsee

Hierzu zählt sicher der *Naturstrand in Feldwies*, der sich nördlich des Strandbades Übersee bis zur Nordspitze der Halbinsel Lachsgang auf einer Länge von über 1,5 km erstreckt. Dieser Strand, der auch in der Hochsaison nicht überlaufen ist, lässt keine Badewünsche offen: flaches Ufer, ein breiter Uferstreifen zum Liegen und geradezu eine Logensituation, um abends den Sonnenuntergang zu genießen.

Ein besonders empfehlenswertes Bad finden Sie am Nordufer des Chiemsees. Es liegt am Ostrand der Kailbacher Bucht und ist über die Königstraße am westlichen Ortseingang von Breitbrunn erreichbar. Das *Strandbad der Gemeinde Breitbrunn* überzeugt mit einer sehr gepflegten, großen Liegewiese, einem bewirtschafteten Strandcafé, einem schönen Kinderspielplatz und einem gepflegten Badesteg. Weiter östlich am Nordufer empfehlen

Gepflegter, naturnaher Strand bei Feldwies

wir Ihnen das Strandbad von Seebruck, das Sie direkt vom Parkplatz am Hafen erreichen. Es ist ein sehr schönes Bad, das etwas versteckt liegt und über einen Pavillon mit Umkleidekabinen, Schließfächern, Duschen und Toiletten verfügt.

Zwei wunderbar gelegene Badeplätze mit riesigen Liegewiesen finden Sie am *Ostufer des Langbürgner Sees*. Beide erreichen Sie von der Straße, die von Natzing nach Rimsting führt. Zur ersten Badestelle gelangen Sie, wenn Sie an der Ortsverbindungsstraße nach Stock, einem kleinen Weiler, einbiegen, und zur zweiten, wenn Sie wenige Hundert Meter weiter südlich zu einem einzeln stehenden Bauernhof nach Langbürgen fahren. Nach jeweils 100 m erreichen Sie die markierten Parkplätze, die von den Landwirten gegen geringe Gebühr zur Verfügung gestellt werden. Der Langbürgner See, der zur Eggstätt-Hemhofer Seenplatte gehört, liegt inmitten einer wildromantischen Landschaft mit bewaldetem Uferareal. Auch ein weiteres Bad auf der Eggstätt-Hemhofer Seenplatte, das kleine *Strandbad am Hartsee*, gehört zu unseren Empfehlungen. Am Ostufer des Hartsees gelegen, kann es vom nördlichen Ortsausgang von Eggstätt erreicht werden. Es gehört zum neu gestalteten Hartsee-Freizeitgelände, das über eine Reihe von weiteren Freizeitmöglichkeiten wie Bootsverleih, Kinderspielplatz, Liegewiese und Stege, Beachvolleyball, Streetballplatz, Tischtennis, Minigolf und Kiosk verfügt.

Schließlich empfehlen wir noch zwei gepflegte *Flussbäder* mit großen Liegewiesen unmittelbar *an der Alz* in Truchtlaching und in Altenmarkt. Ein Bad in der leichten Strömung der Alz, die über ausgezeichnetes Badewasser verfügt, ist ein Vergnügen der besonderen Art.

Wenn das Wetter einmal nicht mitspielt oder Sie ein modernes Erlebnisbad bevorzugen, empfehlen wir Ihnen das *Prienavera* in Prien-Stock. Es verfügt über alle Annehmlichkeiten, die Sie von einem modernen Bad erwarten können: 31 und 34 °C warmes Wasser, ein Becken mit Strömungskanal, Unterwasserliegen mit prickelnder Sprudelmassage, ein 25-m-Schwimmerbecken mit vier Bahnen und ein großes Angebot im Wellness- und Saunabereich. Hier steht einem abwechslungsreichen Badespaß das ganze Jahr nichts entgegen.

Ruhiger Badeplatz am Langbürgner See mit Blick auf die Berge

Prienavera – das Ganzjahres-Erlebnisbad am Chiemseeufer bei Prien-Stock

V. Die Tierwelt und ihre Lebensräume

Wo die Wildtiere am Chiemsee leben

Am Chiemsee gibt es ein großes Angebot reichhaltiger Lebensräume für eine artenreiche Tierwelt. In den zahlreichen Seen, an den Seeufern, in den Wäldern und buschreichen Landschaftsteilen oder in den vielfältigen Wiesen und Mooren findet man sehr unterschiedliche und oft sehr artenreiche Lebensgemeinschaften vor. Viele Arten kommen nur in einem Lebensraum vor, andere dagegen nutzen mehrere. Die beschriebene Vielfalt hat ihre letzte Ursache in der Eiszeit, die unterschiedlichste Seen- und Moorlandschaften hervorbrachte. Am Chiemsee kommen diese naturnahen Landschaften in außerordentlicher Fülle vor. Viele von ihnen stehen inzwischen unter strengem Landschafts- und Naturschutz. Andere Bereiche, so die offene Kulturlandschaft mit ihren Wiesen und Wäldern und auch die einst industriell genutzten Moore südlich und nördlich des Chiemsees, sind wesentlich stärker vom Menschen geprägt. Das nachfolgende Kapitel geht auf ausgewählte, für die einzelnen Lebensräume besonders typische Wildtierarten ein.

Lebensraum See und Seeufer

Naturnaher Uferabschnitt zwischen Breitbrunn und Gstadt

Der Chiemsee und die zahlreichen Seen der Eggstätt-Hemhofer Seenplatte, die Seeoner Seen sowie die Zu- und Abflüsse des Chiemsees zählen zu den Feuchtgebieten von internationalem Rang. Ihre wertvollsten Teile sind Schutzgebiete nach EU- und nationalem Recht. Sie gehören unterschiedlichen Kategorien des Landschafts-, Biotop- und Naturschutzes an. Durch ihre reichliche Ausstattung mit Nahrung, Schutz vor Störungen und ausreichend großen Gebieten zum Aufziehen ihrer Jungen werden sie den Ansprüchen an den Lebensraum für viele Tierarten gerecht. Dennoch: Auch in diesem Gebiet gibt es Arten, die existenziell bedroht sind und inzwischen auf den Roten Listen vom Aussterben bedrohter Tiere geführt werden. Die Ursachen sind meist sehr komplex, gehen oft weit in die Geschichte zurück oder haben etwas mit der heutigen Intensität der Landbewirtschaftung und -nutzung zu tun. Andererseits gibt

Das Achendelta gehört zu den wertvollsten Lebensräumen am Chiemsee

Ein seltener Heimkehrer am Chiemsee – der Europäische Biber (Castor fiber)

Eine Schwanenfamilie mit sieben Jungen ist nur sehr selten zu beobachten

Die schön gefärbte Krickente (Anas crecca) gehört zu den selteneren Entenarten

es auch Wildtiere, die längst aus unseren Landschaften verschwunden waren, aber durch Wiedereinbürgerung langsam erneut heimisch werden. Dazu gehört der *Biber*, der seit Kurzem wieder an der Prienmündung und anderen Stellen am Chiemsee seine Burgen baut. Weil es den Rahmen des Führers sprengen würde, werden nachfolgend nur ausgewählte Arten aus der Klasse der Vögel und der Fische angesprochen.

Wat- und Wasservögel

Als halbdomestizierter Vogel ist der *Höckerschwan* auch am Chiemsee und den benachbarten Seen als Brutvogel mit etwa 200 bis 350 Exemplaren weit verbreitet. Durch die stark ausgeprägte Territorialität der Schwäne während der Brutzeit sowie durch Verluste in strengen Winterhalbjahren blieb ihr Bestand seit Jahren auf der gleichen Bestandshöhe. Der *Singschwan* ist etwas kleiner als der Höckerschwan und hat einen geraderen, weniger geschwungenen Hals. Als regelmäßiger Wintergast kommt er, ähnlich wie Sterntaucher und Prachttaucher, alljährlich aus dem hohen Norden. Singschwäne sind Brutvögel der osteuropäischen und sibirischen Taiga, die den Winter an mitteleuropäischen Meeresküsten und an großen Binnenseen verbringen. Sie kehren ab März in ihre Brutgebiete zurück. Im Gegensatz zum Höckerschwan sind Singschwäne sehr ruffreudige Vögel mit einem umfangreichen Stimmrepertoire. Charakteristisch für ihren Ruf ist ein tiefer, nasaler Posaunenklang. Beim Rufen ist der Hals gewöhnlich lang gestreckt und der Kopf angehoben.

Aus der großen Vielfalt der am Chiemsee vorkommenden Entenvögel seien hier nur zwei Arten angesprochen: die *Krickente* und die *Kolbenente*. Die kleinste unter den

Singschwäne (Cygnus cygnus) sind alljährliche Wintergäste am Chiemsee

vorkommenden Entenarten, die Krickente, ist mit 35 bis 36 cm Länge kaum größer als eine Stadttaube. Sie kommt als seltener Brutvogel am Chiemsee vor. Ähnlich wie die auch nicht häufige, aber unverkennbar und schön gezeichnete Kolbenente. Diese ist etwa stockentengroß und zählt zu den Tauchenten. Sie kann bis zu 30 Sekunden unter Wasser bleiben. Das Männchen ist im Prachtkleid mit seiner fuchsroten Kopffärbung und dem karminroten Schnabel leicht zu erkennen. Das Weibchen besitzt ein unscheinbares, bräunliches Gefieder.

Die Fische und der Edelkrebs

Da die Fische der Seen von alters her intensiv genutzt werden, ist die Zahl der je im Chiemsee und der Alz nachgewiesenen Arten bemerkenswert. 33 sind eindeutig nachgewiesen, und für das frühere Vorkommen weiterer 15 Arten gibt es Hinweise. Von den 33 Fischarten werden heute eine Fischart, nämlich die Mairenke, in der Kategorie 1 (=vom Aussterben bedroht), sieben Fischarten in der Kategorie 2 (=stark gefährdet) und fünf Arten in der Kategorie 3 (=gefährdet) der Roten Liste bedrohter Tiere aufgeführt. Es bleibt zu hoffen, dass die derzeit beobachtete Wasserverbesserung anhält und sich die gefährdeten Bestände erholen können. Bei den Fischen im Chiemsee handelt es sich nicht mehr um eine natürliche Fischfauna, sondern um eine von den Berufsfischern durch standortfremde Arten wie Zander, Seesaibling und Aal alljährlich beeinflusste. Verschiebungen des natürlichen Artenspektrums sind dadurch entstanden. Gerade dem Aal wird von Experten nachgesagt, dass er als Laichräuber bei bodennah lebenden Fischarten zur nicht unerheblichen Konkurrenz bodenständiger Arten geworden ist. Genaue Untersuchungen hierzu stehen jedoch aus. In Kurzform werden nun die einzelnen Arten vorgestellt.

Seeforelle

Die Seeforelle, auch Chiemseelachs genannt, ist seit jeher heimisch im Chiemsee wie auch in den anderen tiefen, nährstoffarmen Seen des Alpen- und Voralpengebietes. Sie ging im Chiemsee stark zurück, was teilweise auf die Wasserverschmutzung und die Zerstörung der Laichplätze im Unterlauf der Tiroler Achen zurückgeführt wird. Heute werden gelegentlich 2–3 kg schwere Exemplare gefangen. Trotz größter Bemühungen, diesen etwa 20 Jahre alt werdenden Fisch wieder im Chiemsee heimisch zu machen, sind die Erfolge sehr bescheiden.

Bachforelle

Die einheimische Bachforelle hat ihren Lebensraum hauptsächlich in den Zuflüssen des Chiemsees. Das Vorkommen eines überlebensfähigen Bachforellenbestandes kann als Anzeiger für einen guten ökologischen Zustand eines Fließgewässers angesehen werden.

Regenbogenforelle

Die nach 1882 aus Nordamerika eingeführte Regenbogenforelle hat im Chiemsee und seinen Zuflüssen nur eine geringe wirtschaftliche Bedeutung. Sie wird hauptsächlich in der Teichwirtschaft genutzt.

Seesaibling

Der Seesaibling wurde im Chiemsee 1993 eingesetzt. Er war hier nie heimisch. Wirtschaftlich hat er keine Bedeutung.

Renke

Nach Höfling, dem Verfasser des Standardwerks über die Chiemseefischerei, sind im Chiemsee nur zwei der vier für das Voralpengebiet beschriebenen Renken heimisch. Es sind der Kilch und der Blaufelchen. Dazu kommen durch Besatz norddeutsche Renken, wie die große Maräne (= Sandfelchen), sowie russische und amerikanische Renkenarten. Berufsfischer Schaber (zitiert in M. Lohmann, „Die Fische des Chiemsees") gibt Kilch, Blaufelchen und Gangfisch im Chiemsee an. Es würde den Rahmen dieser Chronik sprengen, wollte man ausführlich auf die Vermischung der verschiedenen Renkenarten eingehen. Dies interessiert wohl auch keinen Fischesser, wenn ihm die

Seeforelle (Salmo trutta lacustris)

Rotauge (Rutilus rutilus) – auch als Plötze bekannt

wohlschmeckende Chiemseerenke mundet. Diese ist immer noch die Nummer eins in der Chiemseefischerei. Die Renken werden mit Schwebnetzen mit einer Maschenweite von 40 und 42 mm gefangen. Sie machen etwa 80 % der Gesamtfänge des Chiemsees aus.

Äsche

Die nirgendwo in Deutschland häufige Äsche kommt vor allem in der Tiroler Achen, dem Überseebach, der Prien, der Alz und dem Grabenstätter Mühlbach vor. Gelegentlich wird die Äsche auch im Chiemsee gefangen.

Rotauge

Das Rotauge, auch Plötze genannt, wird inzwischen auch als begehrter Speisefisch genutzt. Es wird ähnlich dem »Bürschling« (Flußbarsch) filetiert und zur Bereicherung der Fischkarte gefangen. Die nahe Verwandte, die Rotfeder, kommt zwar im Chiemsee vor, spielt jedoch wirtschaftlich keine Rolle. Dieser einstige Massenfisch des Chiemsees ist inzwischen seltener

Renke (Gattung Coregonus)

Hasel (Leuciscus leuciscus)

geworden, da seine Laichplätze mit dem Rückgang des wasserseitigen Schilfs großteils verloren gegangen sind.

Hasel
Der Hasel, der gerne mit anderen Weißfischen verwechselt wird, ist ein kleinwüchsiger Vertreter der Karpfenfische. Am Chiemsee hat er keine wirtschaftliche Bedeutung.

Perlfisch
Der Perlfisch, auch Weißling oder Frauenfisch genannt, wurde früher in großer Zahl im Chiemsee gefangen. Heute wird er wieder gelegentlich gefangen, was dafür spricht, dass die Aussetzungen von Brut aus dem österreichischen Mondsee erfolgreich verlaufen sind.

Schneider (Alburnoides bipunctatus)

Schied
Der Schied, auch Rapfen genannt, lebt im Chiemsee und seinen rasch fließenden Zuflüssen. Die Bestände schwanken stark.

Schleie
Dieser einst für die Berufsfischer wichtige Fisch hat heute fast keine Bedeutung mehr. Seine natürliche Fortpflanzung gilt als nicht mehr gesichert.

Nase
Heute wird die Nase im Chiemsee nur noch selten gefangen. Früher, als sie noch in Massen auftrat, wurde sie als Steckerlfisch verkauft.

Barbe
Die Barbe, auch Flußbarbe genannt, kommt vor allem in der Alz vor.

Mairenke
Die Mairenke, auch Seelaube oder Schiedling genannt, beginnt wieder etwas an Bedeutung zu gewinnen.

Laube
Die Laube, auch Ukelei genannt, war früher ein begehrter Steckerlfisch. Heute hat sie nur noch eine gewisse Funktion als Köderfisch. In den letzten Jahren konnte wieder ein größerer Bestand festgestellt werden. Seine Zunahme wird einer Verbesserung seiner Laichbedingungen zugeschrieben.

Schneider
Der Schneider ist ein kleiner Schwarmfisch, den man in stehenden, aber auch schnell fließenden Gewässern findet. In der Alz kommt er stellenweise häufig vor. In einigen Bundesländern ist er wegen seiner Seltenheit ganzjährig geschützt.

Brachse (Abramis brama)

Brachse

Die Brachse, auch „Blei", wird sowohl „der Brachsen" oder „die Brachse" genannt. Sie nimmt heute die zweite Stelle in der Bedeutung der Fische des Chiemsees ein. Ihr Vorkommen wird mit einem „Auf und Ab" beschrieben. Geräucherte Chiemseebrachsen gelten zurecht als Delikatesse. Für den Fang von Brachsen werden Netze mit einer Maschenweite von 80 mm eingesetzt.

Zährte

Die Zährte, auch Seerüssling, Rußnase, Blaunase, Flachnase oder Weißnase genannt, kommt zwar im Chiemsee vor, spielt jedoch wirtschaftlich keine Rolle.

Rotfeder (Scardinius erythrophthalmus)

Silberkarausche (Carassius gibelio)

Silberkarausche

Die Silberkarausche, auch „Giebel" genannt, ist im Chiemsee sehr selten. In manchen Jahren wird sie zwar immer wieder gefangen, spielt aber mengenmäßig so gut wie keine Rolle.

Karpfen (Cyprinus carpio)

Karpfen

Der Karpfen ist am Chiemsee ohne jede wirtschaftliche Bedeutung. Wenn er vorkommt, so hauptsächlich als Spiegelkarpfen.

Waller

Der Waller, auch Wels genannt, gehört zu den Arten, die im Chiemsee und nur in ganz wenigen Fließgewässern in nennenswerter Zahl vorkommen. Dazu gehört auch der Abfluss des Chiemsees, die obere Alz. Heute wird er wieder eingesetzt. Er wird nur sehr selten gefangen.

Aal

Der Aal nimmt nach der Brachse den dritten Rang bei den Nutzfischen des Chiemsees ein. Jährlich werden etwa 60 kg Aalbrut eingesetzt, das entspricht etwa 180 000 Jungaalen. Die Jahresnutzung be-

Hecht (Esox lucius)

trägt etwa 150 Zentner Fisch. Der Aal wird vor allem geräuchert verkauft.

Hecht

Die Bedeutung des Hechtes ist am Chiemsee deutlich zurückgegangen. Wenn auch noch als zufriedenstellend bezeichnet, scheint sein Bestand nur noch durch Einsetzen eigener Brut im wirtschaftlichen Bereich gehalten zu werden. Für den Fang der Hechte werden Netze mit einer Maschenweite von 60 mm eingesetzt.

Barsch

Der Barsch, von den Einheimischen auch Schratz genannt, zählt heute mehr denn je zu den herausragenden Speisefischen des Chiemsees. Bei einem Gewicht von nicht mehr als 150 g wird er filetiert und in der einheimischen Gastronomie angeboten.

Zander

Der Zander, auch Schill genannt, war im Chiemsee ursprünglich nicht heimisch. Wie an vielen Seen, wurde er auch hier eingesetzt und gehört heute zur Fischfauna. Wirtschaftlich spielt er eine untergeordnete Rolle. Dennoch: Er ist ein wichtiger Speisefisch, dessen weißes Fleisch, weil grätenlos, sehr geschätzt wird. Sein Bestand ist am Chiemsee wechselnd.

Mühlkoppe

Die Mühlkoppe, auch Koppe oder Groppe genannt, gilt in Bayern inzwischen als gefährdet. Erfahrene Berufsfischer wissen

Flussbarsch (Perca fluviatilis)

Groppe (Cottus gobio)

davon zu berichten, dass die Mühlkoppe vor etwa 40 Jahren im ganzen See vorkam. Ihr drastischer Rückgang wird der starken Eutrophierung vor Inbetriebnahme der Ringkanalisation zugeschrieben.

Sonnenbarsch

Durch Aussetzung ist der ursprünglich aus Nordamerika stammende Sonnenbarsch in die oberbayerische Seenplatte gelangt und kommt heute gelegentlich auch im

Gemeiner Sonnenbarsch (Lepomis gibbosus)

Chiemsee vor. Wirtschaftlich hat er keine Bedeutung.

Rutte

Die Rutte, auch Aalrutte, Quappe oder Trüsche genannt, war früher ein wichtiger Fang der Chiemseefischer. Heute wird sie nur noch gelegentlich im Chiemsee gefangen. Ihr Fleisch ist wohlschmeckend, die Leber gilt als besondere Delikatesse.

Edelkrebs

Der Edelkrebs, der Ende des vorigen Jahrhunderts zum Hauptfang der Berufsfischer zählte, ist heute aus dem Chiemsee ganz verschwunden. Hauptgrund dafür war die Krebspest, die den Bestand nahezu ganz vernichtete. Nur in der Alz und in einigen wenigen, isolierten Gewässern, wo er durch Aussetzung hineinkam, kann er gegenwärtig noch nachgewiesen werden. Einer Wiederbesiedlung des Chiemsees steht das Vorhandensein des standortfremden Aals entgegen. Im Chiemsee kommen, wie gelegentliche Fänge belegen, aktuell nur der Signalkrebs und der Galizische Sumpfkrebs vor, zwei ausgesetzte fremdländische Arten.

Der einheimische Edelkrebs (Astacus astacus) – einst häufig im Chiemsee

Galizischer Sumpfkrebs (Astacus leptodactylus) – im Chiemsee ausgesetzt

Lebensraum Wälder und Gebüsche

Die Landschaft um den Chiemsee gehört mit ihren Seen, naturnahen Uferbereichen, sanftwelligen Wiesen mit wenigen eingestreuten Äckern, kleinen Wäldern und Siedlungen zu den schönsten in Europa. Die Form der Landschaft ist das Ergebnis eiszeitlichen Geschehens. Durch das gewaltige Vor- und Rückwärtsgeschiebe der etwa 1 km dicken Eiszungen bildeten sich die für den Chiemgau typischen Hügel, Rippen, Senken und Rinnen. So entstand das einmalige Landschaftsbild des Chiemgaus, in dem aus der sanften Seen- und Moorlandschaft abrupt die Voralpen aufsteigen. Naturräumlich gehört das Gebiet innerhalb des voralpinen Hügel- und Moorlandes zum Inn-Chiemsee-Hügelland. Im Verlauf der Jahrhunderte entstand einerseits eine bäuerliche Landschaft vorwiegend mit Wiesen und einzelnen Äckern sowie kleinen Waldgebieten, andererseits bewahrten sich naturnahe Moorgebiete und Gewässer. Die auffälligen Wildtiere in den Wäldern und Gebüschen sind Säugetiere oder Vögel. Eine Begegnung mit einigen von ihnen ist auf den beschriebenen Wanderungen ziemlich sicher.

Besonders Herreninsel und Krautinsel verfügen über naturnahe Baumbestände

Das Abendpfauenauge (Smerinthus ocellatus) ist ein seltener Nachtfalter feuchter Wälder

Säugetiere

Wenn auch die großen Wildarten wie Wildschwein und Gams nur als Irrgäste ihr Stelldichein geben, werden die Wälder rund um den Chiemsee fast von der kompletten Wildtierfauna, wie sie ebenso

Seeon aus der Luft: eine harmonische Mischung aus Seen, Wäldern und Wiesen

in den benachbarten Gebieten Oberbayerns vorkommt, besiedelt. So kam es vor ca. 35 Jahren noch vor, dass sich drei Wildschweine, die aus dem Ebersberger Forst ausgebrochen waren, sich einige Zeit in den Wäldern von Gstadt-Gollenshausen aufhielten und dann später im Weitmoos zur Strecke kamen.
Wie überall im Chiemgau ist das Reh die Hauptwildart. Während früher 15, in Ausnahmefällen 30 Rehe pro Jahr in Gstadt-Gollenshausen zur Strecke kamen, werden heute 40 Rehe pro Jahr geschossen. Um den Umbau des Waldes von überwiegend Nadel-Reinbeständen in standortgerechte Laubmischwälder, möglichst ohne Zaun, zu ermöglichen, wird derzeit der hohe Abschuss getätigt. Durchschnittlich 14 kg schwer, haben Rehe auch schon mal ein Körpergewicht von 18 kg. Als seltene Erscheinung wurde auch schon einmal eine gehörnte Geiß, ein weibliches Reh,

Ein Reh flüchtet in hohen Sprüngen

geschossen. Während die meisten Geißen zwei Kitze führen, werden auch schon mal drei Kitze bei einer Geiß beobachtet.
Der Fuchsbestand ist in allen Revieren um den Chiemsee sehr hoch. Die Ursache ist die Immunisierung gegen Tollwut, die von den Behörden betrieben worden ist. Im

Blütenstände des Weißdorns (Crataegus)

Gegensatz zum Fuchs wird der Dachs, der in den Wäldern um den Chiemsee überall zu Hause ist, nicht oder nur in seltenen Einzelfällen gejagt.
Von den beiden Marderarten Steinmarder und Baummarder kommt Ersterer in einem sehr großen Bestand vor. Während der seltene Baummarder nur in den Wäldern lebt, treibt der Steinmarder sein Wesen auch in den Siedlungen. Ebenso ist der Iltis, wenn auch wesentlich seltener, um den Chiemsee anzutreffen. Zu hören ist von Jägern, dass sich der dämmerungs- und nachtaktive Geselle vor allem in aufgelassenen Bauernhöfen wohlfühlen würde. Es gibt glaubhafte Berichte, dass der Iltis gelegentlich sogar Junge im Heustadel abgelegener Bauernhöfe geworfen hätte.
Das beliebte Eichhörnchen findet man in allen Siedlungs- und Waldbereichen. Neben den zahlreichen roten Eichhörnchen werden auch gelegentlich Tiere mit schwarzem oder sehr dunklem Fell festgestellt. Von den eher heimlichen Bilchen, auch Schlafmäuse genannt, die nicht zu den echten Mäusen gehören, kommt der Siebenschläfer in den Siedlungsbereichen vor. Von der Haselmaus weiß man nur, dass sie im Gebiet heimisch ist und gelegentlich einmal einen Nistkasten als Winterschlafplatz auswählt. Auch über den Bestand des selteneren Gartenschläfers ist nichts bekannt.

Landkärtchen (Araschnia levana)

Hier war ein Specht am Werk

Im Rahmen von gezielten Bestandsaufnahmen hat man dagegen mehr über die Fledermäuse in Erfahrung gebracht. Nach Aussage von Fachleuten werden der Chiemsee und die westlich anschließenden Gebiete des Inntals zu den bedeutendsten Fledermaus-Regionen Deutschlands gezählt. Nachgewiesen wurden in den letzten Jahren 19 von den 21 bei uns regelmäßig vorkommenden Arten. Allein 15 Fledermausarten wurden auf der Herreninsel beobachtet. Darunter bestandsgefährdete Arten wie Kleine Hufeisennase, Wimperfledermaus und Mopsfledermaus. Die Kleine Hufeisennase hat in Schloss Herrenchiemsee sogar ihr größtes Fortpflanzungsquartier in Bayern.

Vögel

Die Vogelwelt der Wälder und Landschaften mit Gebüsch ist artenreich. Hier werden nur einige Arten genannt, die Ihnen auf den Touren begegnen können. Höhlen bewohnende Vögel wie der Große Buntspecht, der Schwarzspecht, der Kleiber, die Kohlmeise, die Haubenmeise oder die Blaumeise sind in allen Waldgebieten anzutreffen. Nur mit Glück werden Sie Eulen zu sehen bekommen. Während eine Begegnung mit der Waldohreule oder dem Waldkauz in der Dämmerung möglich ist, gehört es zu den sehr seltenen Zufällen, einer Schleiereule oder einem Steinkauz zu begegnen. Mit Glück können Sie auch auf einen Schwarzstorch treffen, der an einem Wiesen- oder Waldbach auf Nahrungssuche ist. Der vor einigen Jahrzehnten in seinem Bestand bedrohte Vogel zieht heute wieder in verschwiegenen, alten Wäldern nördlich des Chiemsees Junge groß. In den Wäldern um den Chiemsee gibt es vier Greifvogelarten als Brutvögel. Während der Habicht in größeren, ruhigen Waldgebieten fast alljährlich Nachwuchs aufzieht, haben Sperber, Turmfalke und Mäusebussard ihre Nester (Horste) auch in kleineren Wäldern oder Gehölzen im Gebiet.

Buntspecht (Dendrocopos major) beim Füttern seiner Jungen

Die Haubenmeise (Lophophanes cristatus) liebt nadelholzreiche Wälder

Der Rotfuchs (Vulpes vulpes) mit Beute – er kommt häufig vor, ist aber nur selten zu sehen

Lebensraum Wiesen und Moore

Raupe des Schwalbenschwanzes (Papilio machaon)

Die Wiesen- und Moorgebiete um den Chiemsee, vor allem aber südlich und nördlich des Chiemsees sind Lebensraum vieler Tierarten. Feuchtwiesen verschiedenster Ausprägung, Hoch-, Nieder- und Zwischenmoore sowie kleine und größere Sumpfgebiete bieten Amphibien und Reptilien, Schmetterlingen und Spinnen, Säugetieren und Vögeln gute Voraussetzungen. Nur landwirtschaftlich intensiv genutzte Wiesen sind drittklassige Lebensräume. Durch häufige Mahd und starke Düngung kann sich auf ihnen nicht der für eine vielfältige Tierwelt notwendige Pflanzenbestand aus Gräsern und Kräutern entwickeln. Heute beschränken sich artenreiche Tierbestände im Wesentlichen auf

Der Schwalbenschwanz (Papilio machaon) – einfach wunderschön

Im Kernbereich der Chiemseemoore

Brombeerzipfelfalter (Callophrys rubi) an einer seiner Lieblingsfutterpflanzen

Auch am Chiemsee und in seiner Umgebung gibt es Arten, die existenziell bedroht sind und inzwischen auf den Roten Listen vom Aussterben bedrohter Tiere geführt werden. Die Ursachen sind meist sehr komplex, gehen oft weit in die Geschichte zurück oder haben etwas mit der heutigen Intensität der Landbewirtschaftung und -nutzung zu tun. Beispielhaft werden nachfolgend einige bedrohte Arten angesprochen.

Säugetiere

Der Feldhase kommt auch heute noch rund um den Chiemsee vor. Im Vergleich zu den Beständen in der Mitte des vorigen Jahrhunderts sind sie jedoch stark zurückgegangen. Konnten im Jahre 1964/65 noch in Gstadt ca. 40–50 Exemplare jährlich erlegt werden, ruht hier die Jagd bereits seit über zwei Jahrzehnten.

die Moore und extensiven Wiesen. Durch ihre reichliche Ausstattung mit Nahrung, Schutz vor Störungen und ausreichend großen Gebieten zum Aufziehen von Jungen werden sie den Ansprüchen an den Lebensraum für viele Arten gerecht.

Aufmerksames Großes Wiesel (Mustela erminea)

Die Ischler Achen zwischen Roitham und Ischl

Die beiden im Chiemgau vorkommenden Wiesel, das Große Wiesel oder Hermelin und das wesentlich kleinere Mauswiesel, sind auch heute noch vorhanden, über Bestandsgrößen gibt es jedoch keine verlässlichen Informationen. Von den echten Mäusen sind die Feldmaus und die Schermaus häufige Bewohner der Wiesen. Im Winterhalbjahr zeigen die Wiesen mit ihren großen und vielen Erdhaufen das häufige Vorkommen des Maulwurfes.

Inzwischen ein seltener Anblick: der Kiebitz (Vanellus vanellus)

Vögel

Auch wenn noch eine Reihe anspruchsvoller Vogelarten am Chiemsee als Gast auftauchen oder in wenigen Brutpaaren ihre Jungen großziehen, überlebensfähige Bestände bilden sie schon lange nicht mehr. Zu den Beispielen gehören der Große Brachvogel, die Uferschnepfe oder der Kiebitz. Alle sind inzwischen vom Aussterben bedroht. Gab es Mitte des vorigen Jahrhunderts noch ansehnliche Brutbestände im Grabenstätter Moos, im Weitmoos bei Eggstätt, in den südlichen Chiemseemooren oder im Harrasser Moos bei Prien, gelingen heute nur noch einzelne Brutnachweise – oftmals auch nur die Dokumentation misslungener Brutversuche. Auch scheinbar gewöhnliche Vogelarten wie die Feldlerche zeigen den dramatischen Lebensraumverfall. War es noch 1961 möglich, von einem Platz in der

Ein Trupp Großer Brachvögel (Numenius arquata) bei der Nahrungssuche

Blütenreiche Uferwiese in der Schafwaschener Bucht

Feldflur 20 trillernde Lerchen zu beobachten, muss man heute suchen, bis man eine Lerche findet. Auch typische Bewohner von naturnahen Feuchtwiesen und Moorflächen, wie Braunkehlchen, Schwarzkehlchen und Wiesenpieper, gehören am Chiemsee zu den Raritäten. Mit Glück können Sie heute wieder einem Weißstorch begegnen. Ab und zu sind Exemplare auf seenahen Wiesen zu beobachten, wenn sie auf ihrem Zug eine Rast einlegen.

Ein besonderer, in ganz Bayern seltener Brutvogel in den Chiemseemooren ist die Bekassine. Sie kommt nur in Landschaften mit ausreichend großen Feuchtgebieten bzw. Feuchtgebietsinseln vor. Im Voralpenbereich ist sie vor allem in den Voralpenmooren des Ammer-, Staffel-, Kochel- und Chiemsees sowie des Waginger Sees heimisch. Während sie in den Hochlagen der Mittelgebirge die Hochmoore, feuchte Wiesentäler und Quellwiesen besiedelt, brütet sie in den tieferen Lagen in den Niedermoorkomplexen und deren Restbeständen. Dabei können diese Flächen auch mit lockeren Schilfbeständen versehen sein: Als Brutbiotop wählt sie gerne Sumpfwiesen und Seggensümpfe am Rande von Weihern sowie Torfstiche und Schwingrasen verlandeter Waldweiher. Die Bekassine ist in den Chiemseemooren ein Durchzügler. Dabei wird sie häufig im Bereich der feuchten, oft mit Binsen und Seggen bestandenen flachen Mulden der Extensivwiesen beobachtet. Der Lebensraum wird von den im Gebiet brütenden Bekassinen von Ende Februar bis maximal Anfang Oktober/Mitte November benötigt.

Auch das Birkhuhn war einst Brutvogel der Chiemseemoore. Heute kaum mehr vorstellbar, dass dieser große Hühnervogel sowohl im Weitmoos östlich von Eggstätt als auch in den südlichen Chiemseemooren in stattlichen Beständen vorkam und sein unverkennbarer Balzgesang alljährlich im Frühjahr zu hören war. Flächendeckende Maßnahmen der Moorkultivierung und der damit einhergehenden Vegetationsveränderung brachten ihm den totalen Lebensraumverlust.

Margeritenblüte am Pelhamer See

Schutzgebiete

Dem Schutz des Landschaftsschutzgebietes „Chiemsee und Ufergebiete" und den verschiedenen Wiesenbrüterschutzgebieten in der Region kommt eine hohe Bedeutung zu.

Im Schutzgebiet „Chiemsee und Ufergebiete" befinden sich die Streuwiesengebiete von Esbaum (Gemeinde Seeon-Seebruck), Schafwaschen (Gemeinde Rimsting), Osternach (Gemeinde Prien), Harrasser Moos und Bernauer Moos (Gemeinden Prien und Bernau). Diese Gebiete können auf dem reizvollen Chiemsee-Uferweg durchwandert werden.

Zu den Wiesenbrüterschutzgebieten zählen: Lachsgang und Schönegart (Gemeinde Übersee), Grabenstätter Moos (Gemeinde Grabenstätt), Bergener Moos – Staudach-Egerndacher Filze (Gemeinden Bergen, Staudach-Egerndach, Grabenstätt).

Amphibien und Reptilien

Von den einheimischen Froschlurchen kommen die Gelbbauchunke, der Laubfrosch, die Erdkröte, der Wasserfrosch, der Teichfrosch, der Seefrosch und der Grasfrosch vor. Von den Schwanzlurchen sind der Bergmolch, der Teichmolch, der Kammmolch und der prächtige Feuersalamander sicher nachgewiesen.

Außer durch die Ringelnatter, diese vor allem am Seeufer und in den Feuchtbiotopen rund um die Seen und in den zahlreichen Wasserstellen der Moore, sind die Reptilien durch die Zauneidechse, die Waldeidechse, die Blindschleiche und die Kreuzotter vertreten.

Die Kreuzotter hat in den Chiemseemooren eine Reihe kleiner Vorkommen. Sie lebt hauptsächlich in der Moorvegetation, und für ihren Schutz ist von entscheidender Bedeutung, dass diese erhalten und renaturiert wird. Vermutet wird, dass sich ihre Lebensbedingungen aufgrund der extensiven Bewirtschaftung der Mooswiesen und Moorbereiche verbessert und sich daher eine Bestandserholung ergeben hätte. Wiederholte Beobachtungen sprechen für diese Annahme.

VI. Die Pflanzen und ihre Standorte

Von der faszinierenden Pflanzenwelt am Chiemsee

Die Pflanzengemeinschaften am Chiemsee und in den benachbarten Gebieten zeigen eine große Vielfalt und sind reich an Arten, nach denen man andernorts lange suchen muss. Die Armleuchteralgen und Laichkräuter im See, die Bäume und Büsche in den Wäldern und die Gräser und Kräuter der Moore und Wiesen tragen je nach Jahreszeit nicht nur zu einem bezaubernden Landschaftsbild bei, sondern sind die entscheidende Grundlage für die Existenz einer artenreichen Tierwelt. Auch wenn der Artenreichtum, bedingt durch die Intensität der Nutzung, in der Feldflur und in vielen Wäldern stark zurückgegangen ist, liegt der Anteil naturnaher Flächen doch weit über dem Landesdurchschnitt. Zum Glück gibt es am Chiemsee ein wohldurchdachtes Netz an verschiedenen Schutzgebieten, die einen wirksamen Schutz gewährleisten. Viele Pflanzenarten kommen daher immer noch in guten Beständen vor und können auf den in diesem Führer beschriebenen Touren erlebt werden.

Pflanzenwelt im und am Wasser

Ohne die im und am See vorkommenden Pflanzenarten gäbe es hier kein Leben. Die artenreichen Bestände der Unterwasserpflanzen sowie der in den Uferbereichen wachsenden Sumpfpflanzen bieten zahlreichen Tieren Nahrung, Deckung und Plätze für die Aufzucht ihrer Jungen. Während für viele Fischarten das schützende Pflanzendickicht unter Wasser überlebenswichtig ist, sind zahlreiche Vogelarten auf dichte Ufervegetation für die Nahrungssuche und die erfolgreiche Brut angewiesen. Außerdem arbeiten die Schilfgürtel entlang der Seen als hocheffektive biologische Kläranlagen und halten so das Wasser sauber. Doch das Schilf ist in den letzten Jahrzehnten erheblich zurückgegangen. Vor allem das Wasserschilf war in den letzten 40 Jahren massiv betroffen. Verantwortliche Fachleute sehen dies mit Sorge, da bisher immer noch nicht geklärt werden konnte, was genau

Irschener Winkel am Chiemsee – ein Paradies für Wassertiere

Regenbogen am Schilfufer des Chiemsees

Erster Frühlingsbesuch

dazu geführt hat und wie eine Regeneration des Schilfes im notwendigen Umfang eingeleitet werden kann. Es ist anzunehmen, dass mehrere Faktoren zusammenwirken: der Wellenschlag der Linienschiffe, der das Schilf umknickt, der Verbiss durch Graugänse und Schwäne und der Eintrag von Gülle aus der Landwirtschaft. Eine qualifizierte Untersuchung hierzu steht aber noch aus. Eine umfassende Aufnahme der Wasserpflanzen-Vegetationsgesellschaften wurde am Chiemsee 1985 von Wissenschaftlern der TU München durchgeführt. Als Wasserpflanzen-Vegetation wurden hier alle Wasserpflanzenbestände einschließlich Schilf- und Seggenbestände verstanden. In allen Uferbereichen des Chiemsees hat man Pflanzenaufnahmen durchgeführt.

Die Artenzusammensetzung schwankt stark in Abhängigkeit von Nährstoffhaushalt, Wassertemperatur, Sichttiefe oder Schwebstoffgehalt in Regenperioden. Eindrucksvoll zeigten zum Beispiel die Bäche Mitterndorfer Bach und Lambach, dass sie Bereiche intensivster Landwirtschaft durchfließen. Ausgeprägte Grünalgenvorkommen und das Fehlen anspruchsvoller Wasserpflanzen zeigten hohe Nährstoffanreicherungen an. Das Vorkommen der Wasserpflanzen und deren Veränderungen über Jahre liefern dem Ökologen wertvolle Hinweise über den Zustand der Seen. So spiegelt das Vorkommen der Wasserpflanzen auch die Wasserverschmutzung wider sowie den Zusam-

Schilfufer bei Urfahrn in der Mühlener Bucht

menhang mit der Gesundung des Sees nach der Installation der Chiemsee-Ringkanalisation. Besonders bemerkenswert ist die Tatsache, dass im Chiemsee und den umliegenden Seen zehn verschiedene Arten von Armleuchteralgen und 14 von 24 in Mitteleuropa nachgewiesenen Laichkrautarten vorkommen. Von diesen Arten stehen sieben bei den Armleuchteralgen und acht bei den Laichkräutern auf der Roten Liste vom Aussterben bedrohter Pflanzen.

Es sind die Wasserpflanzen, die den Chiemsee für die ziehenden und rastenden Wasservögel als Herbst- und Winterquartier bedeutend machen. Die winterlichen Wasservogelansammlungen auf dem Chiemsee lassen sich dort beobachten, wo die Flachwasserzonen mit den meisten Wasserpflanzen vorkommen. Dabei spielt der Seetiefenbereich bis 6 m eine entscheidende Rolle. Für die meisten Wasservögel ist nur dieser Bereich zu erreichen. Durch das Vertilgen der Wasserpflanzen tragen die Wasservögel in bedeutendem Maß zur Selbstreinigung des Sees bei. Sie entziehen ihm organisches Material und Nährstoffe. Da der Chiemsee, ebenso wie die Gewässer der Eggstätt-Hemhofer Seenplatte und die Seeoner Seen sowie die Alz und zahlreiche naturnahe Bäche, über einen sehr hohen Anteil naturnaher Uferabschnitte verfügt, können Sie auf Ihren Touren an vielen Stellen eine Reihe von attraktiven Sumpfpflanzen aus nächster Nähe bewundern. Ob es die großen Felder der Gelben Teichrose am Greamandlweiher an der Prienmündung sind, die gelben Blüten der Sumpfdotterblume an verschiedenen Gräben und Bächen oder die prächtigen gelben Blütenstände der Sumpf-Schwertlilie an diversen Stellen des Chiemseeufers – sie alle sind Ausdruck einer erfreulichen und guten Gewässersituation.

Unverkennbar leuchtend gelb: die Sumpfdotterblume (Caltha palustris)

Sumpf-Schwertlilien (Iris pseudacorus) in den südlichen Chiemseemooren

Wälder und Gebüsche

Direkt um den Chiemsee liegt der Anteil des Waldes unter dem bayerischen Durchschnitt von etwa einem Drittel der Landesfläche. Hier wachsen – mit Ausnahme der staatlichen Auwälder an der Tiroler Achen – hauptsächlich Wälder privater Waldbesitzer. Zu den für den Chiemgau typischen Grünlandbetrieben der Region gehört in der Regel ein kleiner Waldbestand – meistens nur wenige Hektar groß. Forstwirtschaftlich werden die Landwirte durch Forstbeamte der Bayerischen Forstverwaltung (www.forst.bayern.de) betreut und unterstützt. Aufforstungen mit standortgerechten Baumarten werden zudem durch staatliche Programme gefördert.

Eschenauer See mit Blick auf die Chiemgauer Alpen

Mozarteiche bei Kloster Seeon

In den Generationen der Vergangenheit wurden viele Wälder nicht immer nach den Gesichtspunkten standortgerechten Waldbaus behandelt, sondern sehr oft nur nach vordergründigen wirtschaftlichen Gesichtspunkten. Fichtenreinbestände prägen daher im Chiemgau auch heute noch viele Wälder.

Zwischenzeitlich hat sich aber viel getan. Ein Umdenken bei den Waldbesitzern ist bereits seit Jahren erkennbar, und die Neubegründungen und Aufforstungen

Prächtige Baumallee auf der Herreninsel

werden zunehmend mit standortgerechten Baumarten, wie Tanne, Buche, Bergahorn, Esche und seltener Eiche durchgeführt. Auch die heißen Diskussionen in der Vergangenheit, ob die Verjüngung des Waldes durch zu hohe Wildbestände infrage gestellt ist, konnten durch eine Versachlichung und die entsprechenden Schlüsse aus sogenannten „Verbissgutachten" in eine positive Richtung gelenkt werden. Heute haben sich klare Regeln wie „Wald vor Wild" fest etabliert. „Das Wild hat nur eine Chance, wenn es einen gesunden Wald vorfindet!" – so sind sich die Forstfachleute und der Waldbauernverein übereinstimmend einig.

Dem Tannen-Aufkommen und der Stärkung des Mischwaldes wird wieder mehr Beachtung geschenkt, was in vielen Wäldern bereits sichtbar geworden ist. Die Entscheidung eines Waldbesitzers für die eine oder andere Baumart hängt selbstverständlich von seinen Zielen ab. Neben dem grundlegenden Ziel, den Wald zu erhalten, besteht natürlich auch das betriebliche Ziel, ein möglichst sicheres Einkommen zu erwirtschaften. Dabei gewinnt auch der Gesichtspunkt an Bedeutung, dass infolge der Klimaänderung der Wald einem Wandel unterliegen kann. Ein neu begründeter Wald sollte daher so aufgebaut werden, dass er gegenüber Störungseinflüssen möglichst stabil ist. Dabei können auch Baumarten eine Rolle

Eine Komposition aus Herbstfarben: naturnahe Wälder am Langbürgner See

Lichtweide im Naturschutzgebiet Mündung der Tiroler Achen

spielen, die hier außerhalb ihres natürlichen Verbreitungsgebietes angebaut werden.

Die Waldtypen am und um den Chiemsee sind vielfältig: In den Mooren dominieren Wälder aus Schwarzerle, Waldkiefer oder Moorbirke, an den Gewässern edellaubholzreiche Auenwälder mit Baumarten wie Bergahorn, Esche und Ulme. Neben nahezu fast reinen Fichtenforsten prägen auch Wälder mit Buche, Bergahorn, Fichte und Tanne die Waldbilder. Große naturnah bewirtschaftete, zum Teil sogar der Natur überlassene Auwälder befinden sich im Naturschutzgebiet Mündung der Tiroler Achen, als Moorwälder in den Hochmoor-Naturschutzgebieten wie den Kendlmühlfilzen, in mehreren Naturwaldreservaten sowie im Landschaftsschutzgebiet Westerbuchberg (Übersee). Aufgrund ihrer Naturnähe wurden sogar schon einige Wälder in das europäische Schutzprogramm Natura 2000 aufgenommen.

Die Frühlings-Knotenblume (Leucojum vernum) gehört zu den ersten Frühlingsboten

Die Wälder im Chiemgau sind auch, besonders auf Lichtungen und an Waldrändern, ein wichtiger Standort für viele andere Pflanzenarten, wie zum Beispiel für die unübersehbaren Buscharten Schwarzer Holunder, Hirschholunder, Gemeine Heckenkirsche, Pfaffenhütchen, Weißdorn und den im zeitigen Frühjahr rosa blühenden Seidelbast. Auch springen uns im Hochsommer die violett überlaufenen grün-violetten Blüten der giftigen Tollkirsche aus der Familie der Nachtschattengewächse ins Auge.

Viel seltener dagegen können wir uns an einem Blütenstand des Türkenbunds erfreuen. Er gehört zu den seltenen Kostbarkeiten der heimischen Flora. Häufiger begegnen wir dagegen im Frühjahr dem Großen Schneeglöckchen, auch Frühlingsknotenblume genannt, das an feuchten Standorten oft größere Blütenfelder bildet.

Wiesen und Moore

Wenn man von den Pflanzen der Wiesen und Moore am Chiemsee spricht, sind vor allem die wild wachsenden Pflanzen der Feuchtwiesen und Hochmoore gemeint. Nur sie weisen artenreiche oder ganz besondere Pflanzengesellschaften auf und sind Standort zahlreicher Juwelen der heimischen Flora. Die Wildpflanzen in den Äckern und Wirtschaftswiesen geben mit Blick auf die Artenvielfalt eher ein dürftiges Bild ab. Hier findet man nur noch wenige Allerweltsarten – viele Kräuter und Blumen der Wiesen von einst sucht man vergeblich. Nur Reste der einstigen Pflanzenvielfalt sind übrig geblieben – an Waldrändern, auf feuchten Wiesen, an schlecht nutzbaren Stellen in der Landschaft.

Der Anteil artenreicher *Feuchtwiesen* und Moore an der Gesamtlandschaft kann sich rund um den Chiemsee aber dennoch sehen lassen. Vor allem die im Grabenstätter Moos, am Chiemseeufer bei Seebruck, entlang der Alz oder der Ischler Achen warten mit stattlichen Beständen der Sibirischen Schwertlilie, von Fieberklee, Trollblume oder Mehlprimel auf. Diese Feuchtwiesen zeigen außerdem ein reiches Artenspektrum von Gräsern, Binsen, Seggen und anderen krautigen Pflanzen. Sie sind durch menschliche Nutzung infolge der landwirtschaftlichen Produktion von Streu und Futter für die Nutzviehhaltung entstanden und tragen auch am Chiemsee wesentlich zur Ausprägung der Kulturlandschaft bei. Sie müssen bewirtschaftet werden, da die Sukzession zur Ausbildung von Hochstaudenfluren, später Gebüschen und schließlich zu Wäldern führen würde.

Besonders wertvolle Feuchtwiesen sind die ungedüngten, einmal jährlich gemähten *Streuwiesen*. Ihr Name rührt von der

Wiesen mit Trollblumen (Trollius europaeus) – ein selten gewordener Anblick

Hohe Schlüsselblumen (Primula elatior) leuchten in der Frühlingssonne

Verwendung des Mähguts als Einstreu im Viehstall her. Die Aufrechterhaltung der notwendigen Mahd im Herbst wird heute durch staatliche Förderprogramme sichergestellt. Unter den Pflanzenarten der Streuwiesen sind besonders Schilf, verschiedene Seggen- und Orchideenarten, Lungenenzian und die Sibirische Schwertlilie zu nennen.

Die intensiv ausgeübte Landwirtschaft hat die Streuwiesen stark zurückgedrängt. Neben ihrer Bedeutung als alte Kulturform der Grünlandnutzung sind Streuwiesen botanisch und ornithologisch besonders wertvoll. Besonders muss die Sibirische Schwertlilie, eine Pflanzenkostbarkeit ersten Ranges, erwähnt werden. Sie kommt am Chiemsee besonders im Grabenstätter Moos vor, einem Teilgebiet des Naturschutzgebietes Mündung der Tiroler Achen. Außerhalb dieses Gebietes findet man sie nur sehr vereinzelt in den verbliebenen Streuwiesenresten.

Artenreiche Pflanzenbestände kommen im Gebiet auch auf *extensiv genutzten Weideflächen* vor. So zum Beispiel in den Lichtweideflächen des Naturschutzgebietes Mündung der Tiroler Achen, die auf der Basis alter Verträge von Überseer Landwirten mit Rindern und Pferden extensiv be-

Blütenstand der Mehlprimel (Primula farinosa)

Unverkennbare Sumpfpflanze: Fieberklee oder Bitterklee (Menyanthes trifoliata)

weidet werden. Diese Form der Grünlandnutzung gewinnt derzeit deutschlandweit immer mehr an Bedeutung. Stellt sie doch eine ökologisch gute Möglichkeit dar, das Grünland der offenen Kulturlandschaft zu erhalten.

Die Nutzung als Extensivweide gilt in Fachkreisen als nachhaltige, kreislauforientierte Form der Landnutzung. Moderne Extensivweiden sind mit herkömmlichen Weiden nicht vergleichbar. Durch den Verzicht auf stickstoffhaltige Mineraldünger und Gülle, den geringen Besatz und die durch Fraß, Tritt und Dung entstehende hohe Strukturvielfalt kommt es – wie bereits einige Untersuchungen zeigen konnten – zu artenreichen Lebensgemeinschaften.

In den *Hochmooren* (bayerisch „Filze") konnte sich die Pflanzenwelt – sofern die Fläche nicht von der industriellen Torfgewinnung oder einer systematischen Entwässerung betroffen war – stellenweise in ihrer urtümlichsten Form erhalten. Die vom Torfabbau betroffenen Moorgebiete werden gegenwärtig großflächig renaturiert und damit für die typischen Moorpflanzen von Jahr zu Jahr attraktiver. Die

Blüte der Sibirischen Schwertlilie (Iris sibirica)

Bedingungen für die Renaturierung von Hochmooren sind im Gebiet besonders günstig, da es während der Vegetationsperiode ausreichend regnet und die Temperaturen gemäßigt sind. Gute Beispiele für die „Rückkehr der Moore" sind Hacken- und Rottauer Filze bei Rottau/Bernau und das Kühwampenmoos bei Bernau.

Die Tiroler Achen

Wo es noch echten Urwald gibt und die Natur Vorrang hat

Die Tiroler Achen, die ihr Einzugsgebiet im nahen Nordtirol hat, ist der Hauptzufluss des Chiemsees. Auch wenn sie inzwischen im Unterlauf durch Dämme gezähmt ist, kommt sie dennoch wild daher und verfrachtet alljährlich riesige Mengen Kies und Schlamm in den Chiemsee. Auch alljährliche Überschwemmungen im Auwald und ein einzigartiges, für Europa bedeutendes Flussdelta belegen dies eindrucksvoll.
Die drei hier zusammengestellten Touren geben einen umfassenden Einblick in das unter strengem Naturschutz stehende Gebiet am Achendelta. Naturnahe Auwälder, blütenreiche Streuwiesen, außergewöhnliche Pflanzen und eine artenreiche Vogelwelt machen zu jeder Jahreszeit einen Ausflug dorthin zu einem unvergesslichen Erlebnis. Es lohnt sich aber auch, den beiden Chiemseeorten Übersee und Grabenstätt einen Besuch abzustatten. So ist zum Beispiel ein Besuch der Pfarrkirche Grabenstätt und des Naturpavillons Übersee eine besondere Abrundung vor oder nach den Touren.

TOUR 1.1
Grabenstätter Moos

Die Tour, die sich ganzjährig lohnt, beginnt am Schloss Grabenstätt. Bedenkt man, dass Grabenstätt Ende des 18. Jahrhunderts noch näher am Chiemsee lag, führt die Tour über sehr junges Land, den ehemaligen Chiemseegrund. Für den nicht bayerischen Gast: Mit „Moos" ist ein Niedermoor gemeint. Es handelt sich also um Land, das sich aus einem ehemaligen flachen Gewässer unter Grundwassereinfluss über eine lange Zeitperiode zum Moor entwickelt hat. Das Grabenstätter Moos gehört in Bayern zu den größeren Niedermooren und ist als Teil des 1250 ha großen Naturschutzgebietes Mündung der Tiroler Achen streng geschützt.

Die Wanderung führt durch Wiesen, entlang an kleinen Wäldchen, großen Schilffeldern und durch sogenannte Streuwiesen. Das sind Wiesen, die nur einmal im

Blauflügel-Prachtlibelle (Calopteryx virgo)

Spätsommer oder Herbst gemäht und von den Bauern zur Gewinnung von Einstreu für den Viehstall genutzt wurden oder heute noch werden. Die Verlandung des Grabenstätter Mooses fand verstärkt nach der Chiemsee-Absenkung Anfang des vorigen Jahrhunderts statt. Dabei wurde der Chiemsee bei Seebruck durch Beseitigung einer Felsbarriere um ca. 60 cm abgesenkt. Auf diese Weise fielen einige flache Buchten trocken und konnten anschließend als

Tour ohne Steigungen durch das Grabenstätter Moos, den östlichen Teil des herausragenden Naturschutzgebietes MÜNDUNG DER TIROLER ACHEN

Parkplatz am Schloss Grabenstätt, Schloss-Str. 15, 83355 Grabenstätt

7 km

Knapp 2 Stunden

Leichte Tour ohne Steigungen

Die Tour eignet sich als Fuß- und Radwanderung

Ausflugsgaststätte Hirschauer Bucht

Ein Besuch des Vogelbeobachtungsturms unmittelbar am Chiemseeufer ist sehr empfehlenswert

Ausflugsgaststätte Hirschauer Bucht

Sehr idyllisch gelegene kleine Fischerhütte mit Terrasse in unmittelbarer Seenähe

Hirschauer Bucht
83355 Grabenstätt
Tel. 0 86 61/5 28

Täglich ab 11:00 Uhr bis 22:00 Uhr, durchgehend warme Küche von 11:30 Uhr bis 21:00 Uhr, Ruhetag: Donnerstag, Winter geschlossen

Sehr preiswert

Auf halber Strecke

Frische Chiemseefische direkt vom Berufsfischer vor Ort

„neues" Land für die Landwirtschaft nutzbar gemacht werden.
Das Schloss Grabenstätt, an dem unsere Tour beginnt, wurde 1595 von Wilhelm Widerspach errichtet, der kurfürstlicher Fischereimeister und Richter zu Traunstein war. Nachdem es im Jahr 1862 beim großen Ortsbrand abgebrannt war, erlebte es eine wechselvolle Geschichte. Heute residiert die Gemeindeverwaltung im Schloss Grabenstätt.

Schloss Grabenstätt

Bevor wir unsere Wanderung ins Grabenstätter Moos beginnen, ist für den Kulturinteressierten ein Blick auf und in die Pfarrkirche St. Maximilian lohnend (1430 bis 1435 erstmalig erwähnt), die nach ihrer Zerstörung bei einem Dorfbrand (1834) im Jahr 1849 wieder eingeweiht werden konnte.
Von Grabenstätt führt uns der Weg nach Westen auf der Dorotheenstraße, die am südlichen Ortsausgang von Grabenstätt an der Hauptstraße beginnt und direkt ins Moos führt. Am Anfang der Wegstrecke unterqueren wir die neue Umgehungsstraße, die im Jahr 2006 fertiggestellt wurde und den Ort seither vor dem ehemals extremen Durchgangsverkehr verschont. Nördlich der Dorotheenstraße besteht das Grabenstätter Moos fast ausschließlich aus Wiesen. Diese sind manchmal intensiv, vielfach aber auch extensiv genutzt.
Nach gut 1,5 km erreichen wir die Brücke über den Rothgraben (Rothkanal). Vor dem Damm führt der Weg nun im rechten Winkel nach Norden dem Chiemsee entgegen. Er verläuft entlang eines kleinen Laubmischwaldes und weiter entlang an ehemaligen Baumweiden-Versuchsflächen, die hier vor einigen Jahrzehnten als forstliche Versuchspflanzungen für schnell

Grabenstätter Moos

wachsende Baumarten angelegt worden sind. Nach diesen Baumpflanzungen öffnet sich der Blick auf weite Streuwiesen, die zur Blütezeit der blauen Sibirischen Schwertlilie (Iris sibirica) Anfang Mai prächtige Bilder bieten. Nur eine einmalige Mahd im Spätsommer oder Herbst führte zur Erhaltung dieses Juwels der Kulturlandschaft.

Nach etwa 2 km erreichen wir die Ausflugsgaststätte Hirschauer Bucht, die zum Einkehren einlädt. Eine Spezialität sind frische Chiemseefische, die vom örtlichen Berufsfischer geliefert werden und sehr empfohlen werden können.

Nach einer Stärkung sollte man sich den Blick vom „Naturbeobachtungsturm Hirschauer Bucht“, etwa 100 m vor der Gastwirtschaft unmittelbar am Chiemeeufer, nicht entgehen lassen. Der Beobachtungsturm ist mit exzellenter Information zur Vogelwelt und Natur des Chiemsees ausgestattet. Die Hirschauer Bucht gehört zur Kernzone des Naturschutzgebietes. Sie darf weder betreten noch mit Booten befahren werden. Nur der Berufsfischer hat für einen kleinen Teil der Kernzone eine Befahrungserlaubnis.

Nach dem Besuch des Vogelbeobachtungsturms führt der Rückweg in östlicher Richtung bis zum ersten Wasserkanal. Nach der Brücke über den Kanal biegen Sie rechts in den Weg ein, der jetzt in südöstlicher Richtung direkt nach Grabenstätt führt. In Abhängigkeit von der Jahreszeit und mit etwas Glück können sie bei unserer Wanderung durch das Moos den Großen Brachvogel, den Kiebitz oder auch Vogelraritäten wie das höchst attraktive Blaukehlchen beobachten. Das riesige Schilffeld östlich des Wanderweges gehört zu den größten Landschilfflächen am Chiemsee. Eine Reihe schilfbewohnender Vogelarten haben hier ihren Lebensraum. Zu diesen Arten gehören der Teichrohrsänger, der Drosselrohrsänger und die markant gezeichnete Rohrammer. Wenn man den Weg im Sommer in der Abenddämmerung geht und viel Glück hat, kann man von hier den Ruf des sehr seltenen Wachtelkönigs hören. Sein unverkennbares „rep … rep …rep …“ ist mit dem Ruf keines anderen Vogels zu verwechseln. Die Art steht auf der Roten Liste der vom Aussterben bedrohten Vogelarten in Deutschland.

Blaukehlchen (Luscinia svecica)

Großer Brachvogel (Numenius arquata)

TOUR 1.2
Naturschutzgebiet Mündung der Tiroler Achen

Tour ohne Steigungen durch das Grabenstätter Moos, den östlichen Teil des herausragenden Naturschutzgebietes MÜNDUNG DER TIROLER ACHEN

Parkplatz an der Ausflugsgaststätte Hirschauer Bucht, 83355 Grabenstätt

7 km

Knapp 2 Stunden

Leichte Tour ohne Steigungen

Die Tour eignet sich als Fuß- und Radwanderung

Ausflugsgaststätte Hirschauer Bucht *siehe auch Seite 67*

Ein Besuch des Vogelbeobachtungsturms unmittelbar am Chiemseeufer ist sehr empfehlenswert

Frühlingsknotenblume (Leucojum vernum)

Ausgangspunkt für diese Tour ist der Parkplatz an der Ausflugsgaststätte Hirschauer Bucht, die sich auch nach der Rückkehr bestens für eine Einkehr eignet. Die Tour verläuft in südlicher Richtung auf einem Feldweg, der sich durch schöne Streuwiesen und kleine Wäldchen schlängelt. Zur Hauptblütezeit, in der ersten Maihälfte, können hier Bestände der blau blühenden Sibirischen Schwertlilie (Iris sibirica) bewundert werden, die größten in Bayern. Sie können auf Dauer nur dann erhalten

Ausflugsgaststätte Hirschauer Bucht

werden, wenn die Streuwiesen mindestens einmal im Jahr, im Spätsommer oder Herbst, gemäht werden. Ihr Bestand ist gegenwärtig gesichert, da die Aufrechterhaltung der Nutzung durch Naturschutzfördermittel des Freistaates Bayern wirksam unterstützt wird.

Am Hochwasserdamm des Rothkanals entlang führt der Weg durch kleine Laubwäldchen in südlicher Richtung bis zur ersten Brücke über den Kanal. Nach dem Überqueren der Rothgrabenbrücke durchqueren wir den Auwald der Tiroler Achen auf einem Waldweg in westlicher Richtung. Auwälder werden im Gegensatz zu normalen Wäldern regelmäßig überschwemmt, was auch trotz der Kanalisierung der Tiroler Achen jährlich erfolgt. Die Überschwemmungen bewirken, dass mit dem Wasser der Tiroler Achen immer wieder Nährstoffe eingetragen werden und die Vegetation des Auwaldes dadurch besonders üppig gedeiht.

An der nördlichen Seite des Waldweges stoßen Sie an einigen Stellen auf Tafeln mit der Aufschrift „Kernzone". Sie markieren die Kernzone des Naturschutzgebietes Mündung der Tiroler Achen am südlichen Rand. Mit 1250 ha gehört dieses zu den größten außeralpinen Naturschutzgebieten Bayerns und verfügt im Bereich des Mündungsdeltas einschließlich der vorgelagerten Seefläche über eine ca. 350 ha große Kernzone. Diese ist weitgehend von land- und forstwirtschaftlichen Nutzungen ausgeschlossen und darf ganzjährig nicht betreten werden. Seeseitig ist die Kernzone durch eine Bojenkette markiert, die von Booten nicht überfahren werden darf.

Das Mündungsdelta der Tiroler Achen – Naturerbe von europäischem Rang

Nach wenigen Hundert Metern erreichen Sie den Hochwasserschutzdamm der Tiroler Achen. Der Hauptzufluss des Chiemsees wird auch in seinem letzten Stück bis kurz vor dem Mündungsdelta beidseitig von Hochwasserschutzdämmen begleitet. Der Hochwasserdamm wird aus sicherheitstechnischen Gründen vor allem flussseitig von Gehölzen und Bäumen frei gehalten. Aus Sicht des Naturschutzes hat sich hier über Jahrzehnte hin eine wertvolle Vegetation entwickelt.

Die zum Teil blütenreichen Pflanzenbestände bieten einer Vielzahl von Insekten Lebensräume.
Der Weg entlang des Hochwasserschutzdamms führt kurz vor der Autobahn in östliche Richtung, dann entlang der Autobahn bis zum Hochwasserschutzdamm des Rothkanals. Hier gehen Sie in nördlicher Richtung weiter.
Auf dem ersten Stück entlang des Rothgrabens führt der Weg an sogenannten Lichtweiden vorbei. Es sind große Viehweiden mit wenigen Weißdornbüschen, auf denen im Sommer Rinder und Pferde gehalten werden. Das Vieh gehört vor allem Landwirten aus Übersee, die auf den staatlichen Flächen des Auwaldes und seiner Lichtweiden ihre Weiderechte wahrnehmen.
Nach Erreichen der Rothkanal-Brücke führt der Weg wieder zurück zum Ausgangspunkt.
Freunde der Vogelwelt sollten sich auch den Besuch des Vogelbeobachtungsturms am Seeufer der Hirschauer Bucht nicht entgehen lassen. Von hier können Sie in exzellenter Weise die für ihre Vogelwelt berühmte Bucht einsehen. Je nach Jahreszeit lassen sich hier zahlreiche Watvögel und Wasservögel beobachten. Der Beobachtungsturm ist mit einem frei zugänglichen Fernrohr und ausgezeichneten Informationen über die Vogelwelt ausgestattet.

Rotleibiger Grashüpfer (Omocestus haemorrhoidalis)

Kleines Wiesenvögelchen (Coenonympha pamphilus)

Singschwan (Cygnus cygnus) – Wintergast aus dem hohen Norden

Spitzentour entlang des Chiemseeufers, im westlichen Teil des herausragenden Naturschutzgebietes MÜNDUNG DER TIROLER ACHEN; einzigartige Beobachtungsmöglichkeiten am Mündungsdelta

Parkplatz am Strandbad Übersee, Julius-Exter-Promenade 31, 83236 Übersee Tel. 0 86 42/4 46

6,4 km

1,5 Stunden

Leichte Tour ohne Steigungen

Die Tour eignet sich besonders als Fußwanderung

Etwa 300 m südlich vom Parkplatz: Hotel Chiemgauhof mit einem der schönsten Aussichtsplätze am Chiemsee

Ideale Bademöglichkeiten am Chiemseeufer: im Strandbad oder nördlich davon am natürlichen Seeufer; eindrucksvolle Beobachtungen vom Vogelbeobachtungsturm mit Blick auf das Achendelta

Hotel Chiemgauhof
siehe auch Seite 176

Traumhaft gelegene Hotelgaststätte mit großem Biergarten unter großen, alten Eichen direkt am Chiemseeufer, ausgezeichnete Küche

Julius-Exter-Promenade 21
83236 Übersee
Tel. 0 86 42/89 87-0

Aktuell zu erfragen:
www.chiemgauhof.com

Mittleres Preisniveau

Einkehr nach der Tour

Einmalige Sundowner-Bar:
Von hier lassen sich die Sonnenuntergänge wie von kaum einem anderen Platz am Chiemsee erleben

TOUR 1.3
Halbinsel Lachsgang

Diese nur etwa 6,4 km lange Tour gehört zu den schönsten am Chiemsee. Sie beginnt am Parkplatz des Strandbades Übersee, den Sie am Ende des Sackweges, von Baumgarten kommend, erreichen.
Sie führt auf einem sehr schönen Fußweg nach Norden, zunächst am Rand des Strandbades und dann auf einer Länge von etwa 3 km unmittelbar am Chiemseeufer entlang. Im Schatten alter Bäume und Büsche, darunter sehr alte Silberweiden und Eichen, öffnet sich der Blick immer

Blüte der Weißen Seerose (Nymphaea alba)

wieder auf den Chiemsee und die Wiesen der Halbinsel Lachsgang. Der Name Lachsgang hat seinen Ursprung in der Fischerei. So zogen hier einmal, als der Mündungsbereich der Tiroler Achen noch im Bereich der heutigen Halbinsel Lachsgang lag, die Seeforellen, auch Chiemsee-Lachse genannt, zum Laichen die Achen hinauf.
Bei Badewetter bietet sich vor oder nach dieser Tour ganz besonders an, das Strandbad Übersee zu besuchen oder sich am

Seeufer nördlich des Strandbades ein schönes Plätzchen zum Baden zu suchen. Hier ein paar Stunden zu genießen, werden Sie nicht bereuen. Diese Tour eignet sich auch, um sich einen schönen Badeplatz zu suchen und später von dort wieder zum Ausgangspunkt zurückzukehren, ohne die gesamte Strecke zu gehen. Die Route führt wiederum durch das Naturschutzgebiet Mündung der Tiroler Achen, das sich auch in seinem westlichen Teil mit

Haubentaucher (Podiceps cristatus) bei der Balz

Libelle beim Landeanflug

Karmingimpel (Carpodacus erythrinus) – ein neuer Sänger am Chiemsee

einer einzigartigen Naturausstattung darbietet. Während das westliche Seeufer für jedermann frei zugänglich ist, gehört das östliche Seeufer der Halbinsel bereits wieder zur Kernzone des Naturschutzgebietes, die nicht betreten oder mit Booten befahren werden darf. Zur Erhaltung der einzigartigen Naturschönheiten dieses Gebietes dient das ganzjährige Wegegebot.

Mit etwas Muße und natürlich Glück lassen sich auf dieser Tour vielfältige Naturbeobachtungen machen. Möglich sind Begegnungen mit einer Vielzahl von Wasservögeln, etwa dem unverkennbaren Haubentaucher, der sich viel in der Nähe des Seeufers aufhält, ganzen Trupps von Graugänsen, die auf den Wiesen der Halbinsel nach Grünfutter suchen, oder dem Turmfalken, der gerne auf den Wiesen der Halbinsel auf Mäusejagd geht.

Etwa auf halber Strecke erreichen Sie am Ostufer der Halbinsel Lachsgang die malerisch gelegene Nikolauskapelle, die in der Mitte des vorigen Jahrhunderts anstelle einer alten Holzkapelle erbaut wurde. Gebaut und erneuert wurde sie von

Nikolauskapelle am Chiemseeufer nördlich Feldwies

Bürgern aus Dankbarkeit für die glückliche Errettung aus Seenot. Die Votivtafeln im Innern der Kapelle erzählen hierüber. Die Holzskulptur, die den heiligen Nikolaus darstellt, stammt aus der früheren Pfarrkirche von Übersee.

Kurz nachdem der Weg aus den Ufergehölzen wieder ins Freie führt, treffen Sie auf einen Hinweis auf den Beobachtungsturm Lachsgang, dessen Besuch sich lohnt. Von dort erhalten Sie einen Einblick in das Mündungsdelta der Tiroler Achen, das zu den besonders wertvollen Zonen des Naturschutzgebietes mit internationalem Rang gehört. Als überregional bedeutsames Rast- und Überwinterungsgebiet für Vögel genießt es unter Fachleuten und Hobbyornithologen einen magischen Ruf. Die sich am Mündungsdelta immer wieder neu bildenden Sand- und Schlickbänke sind ein einzigartiger Lebensraum für zahlreiche Watvögel. Ausgestattet mit besonders langen Beinen und feinfühligen Schnäbeln, gehen sie im seichten Wasser auf Nahrungssuche. Fast immer können Sie vom Beobachtungsturm verschiedenste Wasser- und Watvogelarten wie zum Beispiel Kormorane, Brachvögel, Kiebitze oder verschiedenste Entenarten bei der Nahrungssuche oder ruhend beobachten. Nicht ungewöhnlich ist auch die Begegnung mit der Ringelnatter, die im seichten Wasser gerne Jagd auf Frösche macht.

Alle Informationen über die Natur und die Vogelwelt erhalten Sie direkt auf dem Beobachtungsturm. Ebenso steht Ihnen zur kostenfreien Benutzung ein Fernrohr für die Beobachtung zur Verfügung.

Ringelnatter (Natrix natrix) auf der Pirsch

Je nach Laune bietet sich an, nach dem Besuch des Beobachtungsturms auf dem Hinweg wieder zurückzugehen oder aber den Weg über Baumgarten, die kleine Ortschaft auf der Halbinsel, zu wählen. Dieser Weg führt in südlicher Richtung vorbei am Weiler Lachsgang auf einem Feldweg bis zum Ortseingang von Baumgarten (Seethal) und biegt dort im spitzen Winkel nach Nordwesten ab. Von hier erreichen Sie auf direktem Weg etwa nach einem Kilometer den Parkplatz am Strandbad Übersee.

Nach der Rückkehr von dieser Tour kann eine Einkehr im Chiemgauhof (siehe Seite 176) sehr empfohlen werden.

Das Seeufer

Ein Ufer voller Schönheit und Geschichte

Das Nordufer des Chiemsees ist für Wanderungen und Radtouren ein Erlebnis der Sonderklasse. Ein weitgehend unbebautes Ufer, ein traumhafter Seeblick und meist ein Blick auf ein einzigartiges Bergpanorama der Chiemgauer Alpen lassen kaum Wünsche offen. Von den etwa 60 Kilometern des Chiemsee-Rundweges gehören die ausgewählten drei Uferabschnitte ohne Zweifel zu den schönsten. Der gut ausgebaute Chiemsee-Rundweg lässt für einen gelungenen Ausflug nichts zu wünschen übrig: Natur in großer Vielfalt und eine Fülle von Möglichkeiten zum Rasten und Einkehren. Alle drei Touren können Sie zu Fuß oder mit dem Rad machen. Ein besonderer Tipp ist, den jeweiligen Rückweg mit dem Schiff der Chiemsee-Schifffahrt anzutreten. Immer wieder kommen Sie in Berührung mit der Geschichte der Landschaft. So streifen Sie durch das Gebiet von Breitbrunn, einem der ältesten Siedlungsplätze am Chiemsee. Hier lebten schon vor etwa 6000 Jahren Menschen. In Seebruck stoßen Sie dann auf römische Spuren, die Ihnen vor Ort auf gelungene Art und Weise erklärt werden.

Wanderung entlang des Chiemsees von Prien-Stock über die Prienmündung, die Schafwaschener Bucht, die Kailbacher Bucht und den Mühlener Winkel nach Gstadt. Die Rückfahrt wird mit dem Schiff vorgeschlagen. www.chiemsee-schifffahrt.de

Parkplatz der Chiemsee-Schifffahrt in Prien-Stock:
Seestr. 108, 83209 Prien am Chiemsee,
Tel. 0 80 51/6 09-0
info@chiemsee-schifffahrt.de

13,1 km

3–4 Stunden

Tour ohne Steigungen

Die Tour eignet sich als Fuß- und Radwanderung

Nach etwa zwei Dritteln der Strecke beim Oberleitner Haus am See

Ideale Bademöglichkeit am Chiemseeufer: im Strandbad Breitbrunn; Beobachtungen vom Vogelbeobachtungsturm Ganzzipf (Gstadt) mit Blick auf die Inseln und die Chiemgauer Berge

Oberleitner Haus am See
siehe auch Seite 156

Restaurant und Café mit traumhaftem Blick auf die Herreninsel und die Chiemgauer Alpen

Seestraße 24
83254 Breitbrunn am Chiemsee
Tel. 0 80 54/3 96

Aktuell zu erfragen unter:
www.oberleitner-hausamsee.de

Normales Preisniveau

Einkehr nach zwei Dritteln der Tour

Sonnenterrasse mit traumhaftem See- und Bergblick

TOUR 2.1 Von Prien nach Gstadt

Die Tour von Prien nach Gstadt gehört zu den längsten, aber auch zu den schönsten Touren direkt am Seeufer des Chiemsees. Ausgangspunkt ist der Parkplatz der Chiemsee-Schifffahrt in Prien-Stock, wo

Lachmöwe (Larus ridibundus) – die häufigste Möwe am Chiemsee

Sie nach der Rückkehr mit dem Schiff wieder ankommen.
Die Tour führt zunächst auf einer Länge von etwa 1 km unmittelbar am westlichen Chiemseeufer in nördlicher Richtung – vorbei am Erlebnisbad Prienavera, dessen Besuch an Schlechtwettertagen empfohlen werden kann. Gleich nach Verlassen von Prien-Stock durchwandern Sie bis zum Endpunkt in Gstadt freie Landschaft

mit ganz wenigen Siedlungen. Nach Verlassen der kleinen Siedlung Osternach folgen Sie der Beschilderung des Chiemsee-Uferwegs Richtung Prienmündung. Vorher wandern Sie durch naturnahe Wiesen, die je nach Jahreszeit einen attraktiven Blütenflor und Begegnungen mit interessanten Vertretern der Insekten- und Vogelwelt bereithalten. Ab hier, wie auch auf der späteren Strecke, können Sie den laut rufenden Graugänsen, einem vorbeifliegenden Silberreiher oder an der Prienmündung gar dem seltenen Gänsesäger begegnen. Auch die Welt der Insekten ist immer wieder gut vertreten. So ist eine Begegnung mit einem seltenen Falter oder einem Trupp filigraner Libellen jederzeit möglich.

Graugänse (Anser anser) – am Chiemsee ein vertrauter Anblick

Unmittelbar an der Prienmündung stoßen Sie auf ein Schild der Gemeinde Rimsting, das Sie darauf hinweist, dass Sie sich im Lebensraum des Bibers befinden. Tatsächlich: Nachdem dieses Tier bis in die Sechzigerjahre des vorigen Jahrhunderts in Bayern als ausgestorben galt, waren einige Wiedereinbürgerungsaktionen inzwischen so erfolgreich, dass der seltene Säuger bereits an mehreren Stellen am Chiemsee und an der Alz wieder heimisch geworden ist. An der Prienmündung hat er sich inzwischen im Auwald angesiedelt. Wenn Sie mehr über den Biber hier oder anderen Stellen am Chiemsee wissen wollen, können Sie sich für eine Exkursion mit einem Biberexperten anmelden (direkt oder über die Gemeinde Rimsting). Die Kontaktdaten werden auf dem Informationsschild bereitgestellt. Ohne eine entsprechende Führung werden Sie dem Biber so gut wie

Libellenhochzeit

Barockkirche St. Johannes, katholische Pfarrkirche und Wahrzeichen von Breitbrunn

nicht begegnen. Als weitere Attraktion erwartet Sie an der Prienmündung ein geologischer Lehrpfad, der Sie anhand großer, uralter Steinblöcke über die eiszeitlich geprägte Entstehungsgeschichte der Chiemseelandschaft informiert. Der Lehrpfad verläuft entlang der Prien auf einer Strecke von fast einem Kilometer.

Von der Prienmündung führt die Tour weiter auf dem Chiemsee-Uferweg nach Norden und ab Aiterbach immer Richtung Osten. Dabei umrunden Sie die große, flache Chiemseebucht, die hier als Schafwaschener Bucht oder auch Aiterbacher Winkel bezeichnet wird.

Wenn Sie immer dem Chiemsee-Uferweg Richtung Breitbrunn und Gstadt folgen, können Sie nichts falsch machen. Auf der ganzen Wegstrecke entlang des Chiemsees genießen Sie bei entsprechender Witterung einen traumhaften See- und Bergblick. Am westlichen Ufer der Kailbacher Bucht passieren Sie das Strandbad Breitbrunn, das zu den schönsten Badeplätzen am Chiemsee gehört. An warmen Sommertagen eignet es sich für eine Rast.

Von hier erreichen Sie in südlicher Richtung die östliche Nase der Kailbacher Bucht – genau den Ort, wo König Ludwig einst zur Herreninsel übersetzte. Hier können Sie im Mai ein besonderes Pflanzenjuwel bewundern. Auf einer kleinen Streuwiese blüht die Sibirische Schwertlilie, die sicher zu den schönsten einheimischen Blütenpflanzen gehört. Wissenswertes über die Pflanze sowie die hier vorkommenden Tier- und Pflanzenarten erfahren Sie auf einer Informationstafel.

Nach ein paar Hundert Metern stoßen Sie in Mühln auf die Anlegestelle der Chiemseefähre zur Herreninsel. Unmittelbar daneben bietet sich der Oberleitner als Einkehrmöglichkeit an. Mit durchgehend warmer Küche und hausgemachten Kuchen und Torten lohnt er zu jeder Tageszeit einen Stopp.

Von Mühln gelangen Sie auf dem letzten Drittel der Tour über einen naturnahen Wanderweg nach Gstadt. Etwa auf der Hälfte dieser Strecke steht der Beobachtungsturm Ganzzipf, von dem Sie einen schönen Panoramablick auf alle drei Chiemseeinseln und bei entsprechender Sicht auf die Chiemgauer Alpen haben. Für Detailbeobachtungen steht Ihnen ein ausgezeichnetes Fernrohr kostenfrei zur Verfügung.

Sibirische Schwertlilie (Iris sibirica) – auf Feuchtwiesen sogar zahlreich

TOUR 2.2 Von Gstadt nach Seebruck

Auch diese Tour führt Sie, nahezu ohne Berührung mit Siedlungen, entlang des naturnahen Chiemseeufers. Ausgangspunkt ist der, von Breitbrunn kommend, am Ortseingang von Gstadt gelegene große Besucherparkplatz, den Sie nach Ihrer Rückkehr mit dem Schiff in wenigen Gehminuten vom Anlegesteg erreichen. Bevor Sie sich von Gstadt in nördlicher Richtung auf den Weg machen, empfehlen wir Ihnen, den neu gestalteten Hofanger mit Kräutergarten und Rosenanlage

Blick vom Hofanger auf den See und die Chiemgauer Alpen

zu besuchen, der einen herrlichen Blick zur Fraueninsel und bei entsprechender Sicht auf die Chiemgauer Berge bietet.
Von hier geht es, immer dem Chiemsee-Rundweg folgend, in nördlicher Richtung. Im Sommer finden Sie entlang dieser Strecke schöne Badeplätze in Gstadt, Gollenshausen und zum Schluss in Seebruck. Auch auf dieser Seeuferstrecke haben Sie

Wanderung entlang des Chiemsees von Gstadt über Gollenshausen und den Malerwinkel nach Seebruck.
Die Rückfahrt nach Gstadt wird mit dem Schiff vorgeschlagen.
www.chiemsee-schifffahrt.de

Parkplatz am Ortseingang von Gstadt (von Breitbrunn kommend)

9 km

2,5 Stunden

Tour ohne Steigungen

Die Tour eignet sich als Fuß- und Radwanderung

Nach der Hälfte der Tour im Café Seehäusl

Ideale Bademöglichkeiten am Chiemseeufer: im Strandbad Seebruck am Ende der Tour;
Beobachtungen vom Vogelbeobachtungsturm Seebruck mit Blick auf das große und naturnahe Schilfgebiet bei Seebruck

Café Seehäusl

Schöne Lage

Am See 8
83257 Gstadt-Gollenshausen
Tel. 01 70/4 09 86 72

Aktuell zu erfragen unter:
A.Stockmeier1@gmail.com

Mittleres Preisniveau

Einkehr nach der Hälfte der Tour

Unmittelbar am Strandbad Gollenshausen; schöne Terrasse mit Palmengewächsen;
wunderbarer Blick über den Chiemsee auf die Alpen;
frische Chiemseefische, Räucherfische und bayerische Gerichte; hausgemachte Kuchen

Teichrohrsänger (Acrocephalus scirpaceus)

durchweg einen herrlichen Seeblick und einen kaum zu überbietenden Blick auf die benachbarten Chiemgauer Alpen. Entlang des Weges finden sie an vielen Stellen Bänke und natürliche Plätze zum Rasten. Die Tour eignet sich auch besonders bei sommerlicher Hitze, da sie entlang von Schatten spendenden Gehölzen und kleinen Uferwäldchen verläuft.

Am überwiegend natürlichen Seeufer klingt Ihnen im Sommer immer wieder Vogelgesang entgegen. Zu den häufigsten Vögeln des Uferschilfs zählen der Teichrohrsänger und die Rohrammer, auch Rohrspatz genannt. Als Lebensraum benötigen sie dichtes Schilf, in dessen Schutz sie ihre Jungen aufziehen und sich auch sonst sehr sicher fühlen.

Leider ist das Schilf am Chiemsee im Verlaufe der letzten Jahrzehnte stark zurückgegangen und damit auch ihr Lebensraum. Über die Ursachen wird viel spekuliert. So werden etwa die Wellen erzeugenden Chiemseeschiffe, die Wasservögel und eine ganze Reihe anderer Faktoren verantwortlich gemacht. Endgültige, verlässliche Erkenntnisse liegen aber noch nicht vor. Fachleute der Wasserwirtschaft arbeiten derzeit daran, die Ursachen herauszufinden, um entsprechende Gegenmaßnahmen treffen zu können.

Nach etwa der halben Strecke erreichen Sie den Hafen und die Badeanlage des kleinen Chiemseeortes Gollenshausen, der zur Gemeinde Gstadt gehört. Kulturinteressierte können von hier einen kleinen Abstecher zur Filialkirche St. Petrus machen. Die Kirche wurde 1168 urkundlich erwähnt und kann mit einem Kalksteinrelief aus der Karolingerzeit (9. Jahrhundert) aufwarten.

Filialkirche St. Petrus in Gollenshausen

Wer Rast machen möchte, dem empfehlen wir das Seehäusl am Strandbad Gollenshausen. Bei einer zünftigen Brotzeit und einem durstlöschenden Getränk sitzen Sie hier angenehm am Chiemseeufer und können den See- und Bergblick genießen.

Zwischen Lambach und Seebruck verläuft die Strecke entlang artenreicher Streuwiesen, die nur einmal im Jahr gemäht werden und die besonders im Mai mit dem einzigartigen Blütenflor der Mehlprimel, einer ganz charakteristischen Blütenpflanze extensiv genutzter Streu-

Aurorafalter (Anthocharis cardamines) besucht Buschwindröschen

wiesen, prahlen können. Die Tour führt immer wieder durch Lebensräume verschiedenster Insekten, wie zum Beispiel des schön gefärbten Aurorafalters und in den feuchteren Bereichen etwa des Plattbauchs, einer imposanten Vertreterin der Segellibellen.

Am Ortseingang von Seebruck stoßen Sie auf einen Pavillon, eine Außenstation des Römermuseums Bedaium Seebruck. Der Pavillon ist eine von mehreren Stationen, die es auf einem ungefähr 27 km langen archäologischen Rundweg durch alle drei Gemeindeteile – Seebruck, Truchtlaching und Seeon – zu besichtigen gibt. Kulturinteressierte werden sich den Besuch des Römermuseums im Ortskern von Seebruck nicht entgehen lassen. Es wird vom Heimat- und Geschichtsverein Bedaium in Seebruck e. V. betrieben und kann mit bemerkenswerten Exponaten und Informationen aus römischer Zeit aufwarten.

Endpunkt der Tour ist der Schiffsanlegesteg am Ortsausgang (in Richtung Chieming) von Seebruck. Sie finden im Ortskern, im Hafenbereich und entlang der Uferpromenade zahlreiche gastronomische Betriebe, in denen sich die Wartezeit auf das Schiff gut verkürzen lässt.

Luftaufnahme Seebruck – mit dem Alzauslauf

Wanderung entlang des Chiemsees von Seebruck am Chiemseeufer entlang nach Chieming.
Die Rückfahrt nach Seebruck wird mit dem Schiff vorgeschlagen.
www.chiemsee-schifffahrt.de

Parkplatz am Ortseingang von Seebruck (von Chieming/Traunstein kommend)

6,2 km

1,5 Stunden

Tour ohne Steigungen

Die Tour eignet sich als Fuß- und Radwanderung

Am Ende der Tour nach Rückkehr mit dem Schiff: Hafenwirt in Seebruck

Ideale Bademöglichkeiten am Chiemseeufer: im Strandbad Seebruck am Ende der Tour; Beobachtungen vom Vogelbeobachtungsturm Seebruck mit Blick auf das große und naturnahe Schilfgebiet bei Seebruck

Hafenwirt – Restaurant & Café
siehe auch Seite 156

In Seebruck, benachbart zum Strandbad und zum Yachthafen

Am Chiemseepark 7
83358 Seebruck
Tel. 0 86 67/6 11

Aktuell zu erfragen:
www.hafenwirt.de

Mittleres Preisniveau

Einkehr am Ende der Tour, nach der Rückkehr mit dem Schiff

Regionale Küche von klassisch bis verfeinert, mit internationalen Einflüssen angereichert; hausgemachte Kuchen; schöne Terrasse

TOUR 2.3
Von Seebruck nach Chieming

Die dritte Seeufer-Tour beginnt am großen Parkplatz am östlichen Ortsausgang von Seebruck. Bereits dort treffen Sie auf eine der Stationen des archäologischen Rundwegs, wie an vielen anderen Stellen im Gemeindebereich Seebruck. Die hier gezeigte Station 2 des Rundwegs, das römisch-norische Gräberfeld in Graben, gibt

Luftaufnahme des Segelhafens von Seebruck

einen Einblick in die frühe und mittlere Kaiserzeit, also in das 1. bis 3. Jahrhundert n. Chr., in der der Beisetzung der Toten deren Verbrennung vorausging. Hier wird darüber berichtet, wie man den Leichnam salbte, manchmal parfümierte, ihn in Leinentücher wickelte und ihn dann auf dem Scheiterhaufen über einer Verbrennungsgrube aufbahrte.
Die Wanderung führt auch auf dieser Seeufertour bis Chieming auf dem Chiemsee-Uferweg (Chiemsee-Rundweg) entlang des nahezu unbebauten Seeufers. Alle

Hunderte von Wasservögeln rasten alljährlich am Chiemseeufer bei Seebruck

naturnahen Bereiche des Chiemseeufers sind als Biotope vonseiten der Naturschutzfachbehörden untersucht und unterliegen nach ihrer Ausweisung dem Schutz des bayerischen Naturschutzgesetzes. Das heißt, dass sie nicht zum Negativen verändert und keinesfalls bebaut werden dürfen. Nach der Vogelschutzrichtlinie der EU von 1979 gehört der Chiemsee zu den besonders geschützten Gebieten zum Schutz wild lebender, seltener und bedrohter sowie regelmäßig auf

Schwanenflotte auf ruhigem See

dem Zug rastender Vögel. Er ist seit 2000 mit seiner gesamten Wasserfläche und den angrenzenden Ufern, soweit sie als Brut- oder Rastgebiete Bedeutung haben, als SPA-Gebiet (Spezial Protected Areas) ausgewiesen. Auf allen Seeufertouren finden Sie hierzu zahlreiche Hinweise und Informationen.

Auch für diese Tour schlagen wir Ihnen vor, den Rückweg mit dem Schiff anzutreten. Aufgrund der überschaubaren Weglänge ist aber ebenso gut möglich, auf der Strecke des Hinwegs zurückzugehen.

Auch auf dieser Tour entlang des Seeufers begegnen Sie auf Schritt und Tritt einer artenreichen Flora und Fauna. Vor allem sind es Begegnungen mit Tier- und Pflanzenarten einer gehölz- und baumreichen Ufervegetation. Dazu gehören etwa: Mönchsgrasmücke, Baumläufer, Rotkehlchen, Großer Buntspecht, Singdrossel und Turmfalke. Auf der Wasserseite kommen in diesem Bereich weniger Vogelarten vor als in den Seebereichen mit großen Schilffeldern, wie etwa westlich von Seebruck. Häufigen Arten, wie der Stockente, dem Höckerschwan und dem Blesshuhn begegnen Sie aber an vielen Stellen. Die Pflanzenwelt ist in diesem Seeuferabschnitt nicht ganz so spektakulär wie auf den Seeufertouren 2.1 und 2.2. Wenn auch der Blutweiderich in feuchten Lebensräumen häufig vorkommt, beeindruckt er doch durch seinen imposanten Blütenstand.

Der Gewöhnliche Blutweiderich (Lythrum salicaria) liebt nasse Standorte

Einen ganz besonders schönen, urwüchsigen Uferabschnitt erreichen Sie kurz vor Stöttham. Hier wandern Sie durch ein besonders schönes, naturnahes kleines Waldgebiet, was in Verbindung mit steilen Uferstellen besonders reizvoll ist.
Bevor Sie Chieming erreichen, treffen Sie am Ufer auf eine Beobachtungsplattform, die von den Chiemseegemeinden vor wenigen Jahren errichtet worden ist. Diese Plattform wurde barrierefrei gebaut und ist auch mit einer Informationstafel zur örtlichen Vogelwelt ausgestattet. Im Rahmen eines mit EU-Mitteln geförderten Projektes wurden an ausgewählten Plätzen mit besonders schöner Aussicht oder einer besonderen Naturausstattung insgesamt zehn Aussichtstürme und -plattformen errichtet. In Verbindung mit diesem seeumspannenden Netz frei zugänglicher Naturbeobachtungsstationen, die ausgezeichnete Beobachtungs- und Informationsmöglichkeiten bieten, können Besucher auch an Vogelbeobachtungen unter Anleitung von Chiemsee-Naturführern teilnehmen. Entsprechende Informationen werden an den Beobachtungstürmen bereitgehalten.

Beobachtungsplattform am Chiemseeufer kurz vor Chieming

In Chieming erreichen Sie eine sehr gepflegte Strandpromenade, auf der Sie zum Anlegesteg der Chiemsee-Schifffahrt, dem Endpunkt der Tour, gelangen. Je nach Vorliebe finden Sie im Ortskern und im Bereich der Uferpromenade eine Reihe gastronomischer Betriebe, in denen sich die Wartezeit auf das Schiff gut verkürzen lässt.

Luftaufnahme Chieming – mit Hochplatte und Kampenwand im Hintergrund

Die Inseln im Chiemsee

Auf den Spuren der Geschichte im Bayerischen Meer

Einen Ausflug zu den Chiemseeinseln Frauen- und Herrenchiemsee mit dem Besuch des Neuen und Alten Schlosses Herrenchiemsee auf der größten Insel im Bayerischen Meer sollte man sich nicht entgehen lassen.
Ist die idyllische Fraueninsel mit dem Kloster Frauenwörth, ihrem Fischerdorf, den lauschigen Biergärten, den attraktiven Gärten und schmucken Häusern ein wahres Kleinod, hat die Herreninsel als größere der besiedelten Inseln gleich zwei Schlösser mit ganz besonderem Geschichtshintergrund zu bieten. Beide erreicht man bequem mit der Chiemsee-Schifffahrt – ein Erlebnis, das dazugehört wie das Blau zum bayerischen Himmel.
Bei allen drei Touren kommen Sie nicht an der Geschichte vorbei: Ist es auf der Fraueninsel die spannende und facettenreiche Historie des Klosters Frauenwörth, treffen Sie auf der Herreninsel auf die Wiege unseres Grundgesetzes und auf das Neue Schloss, eine ungewöhnliche Bauidee König Ludwigs II. von Bayern. Es wird alljährlich von fast einer halben Million Menschen aus aller Welt bestaunt.

Spaziergang auf der Fraueninsel, der geschichtsträchtigen Klosterinsel.
Hin- und Rückfahrt mit dem Schiff von Prien-Stock oder Gstadt.
www.chiemsee-schifffahrt.de

Parkplatz der Chiemsee-Schifffahrt in Prien-Stock: Seestraße 108, 83209 Prien am Chiemsee,
oder einer der Parkplätze in 83257 Gstadt,
Tel. 0 80 51/6 09-0,
info@chiemsee-schifffahrt.de

1,7 km

0,5 Stunden

Tour fast ohne Steigungen

Die Tour eignet sich nur als Fußwanderung

Gleich neben der Anlegestelle der Chiemseeschiffe:
Klosterwirt Frauenchiemsee
83256 Frauenchiemsee 50
Tel. 0 80 54/77 65
siehe auch Seite 148

Ideal für einen gemütlichen Genuss- und Kulturnachmittag ohne jeden Straßenverkehr

Besuch des ***Münsters****, der romanischen Hallenkirche des Klosters (8./10. Jahrhundert), und des karolingischen Torbogens*

Die einschiffige romanische Hallenkirche gehört zu den ältesten kirchlichen Großbauten im süddeutschen Raum.
Den karolingischen Torbogen, das älteste Gebäude der Insel, ließ Bayernherzog Tassilo III. bereits 782 mit Kloster und Kirche errichten

Benediktinerinnen-Abtei Frauenwörth im Chiemsee,
83256 Frauenchiemsee,
Tel. 0 80 54/9 07-0

Am Tourende im Südwestteil der Fraueninsel

TOUR 3.1
Rundgang Fraueninsel

Diese Tour können Sie entweder von Prien oder von Gstadt am Chiemsee beginnen. In Prien-Stock stehen Ihnen wie in Gstadt große Parkplätze in Seenähe zur Verfügung. Von hier gelangen Sie in wenigen Gehminuten zu den Anlegestegen der Chiemseeschiffe, die Sie auf die Insel bringen. Der Rundgang auf der Fraueninsel ist eine kleine Tour für Genießer.
Schon bei der Anreise mit dem Schiff begrüßt Sie von Weitem der Kampanile, der einzeln stehende Münsterturm aus dem 11. Jahrhundert, das Wahrzeichen der Insel. Mit seiner achteckigen Form, einem Durchmesser von 8,8 m, 2 m starken Mauern und einer Höhe von 36 m gehört er nicht zum Urbestand des Klosters. Nach den Überlieferungen wurde er als Wehr- und Fluchtturm zur Zeit der Ungarnstürme errichtet. Erst im 13./14. Jahrhundert wurde er zum Glockenturm des Münsters. 1573 erhielt er seine charakteristische

Der Kampanile, das Wahrzeichen der Fraueninsel, hinterm Klostergarten

Zwiebelkuppe und strahlt heute als Wahrzeichen im Chiemsee.

Die Fraueninsel ragt bis zu 8 m über den Wasserspiegel des Sees heraus und ist etwa 12 ha groß. Mit über fünfzig Häusern und ca. 250 Einwohnern ist sie sehr dicht besiedelt. Etwa ein Drittel der Gesamtfläche bedeckt der Klosterbereich.

Männchen der Blaugrünen Mosaikjungfer (Aeshna cyanea)

Rastender Trupp Kormorane (Phalacrocorax carbo)

Wenn Sie vom Hauptsteg auf der Ostseite der Insel an Land gehen, betreten Sie uraltes Siedlungsgebiet. So wurde die Benediktinerinnen-Abtei Frauenwörth im Chiemsee den Überlieferungen nach bereits um das Jahr 766 von Bayernherzog Tassilo III. (746–788) gegründet. Bischof Virgil von Salzburg weihte am 1. September 782 die Kirche. Um 850 stand die selige Irmengard (831/33–866) als erste namentlich bekannte Äbtissin der Abtei vor. Sie war eine Tochter König Ludwigs des Deutschen und Urenkelin Karls des Großen. Diese Periode unter dem Herrschergeschlecht der Karolinger wurde in der ers-

Die Fraueninsel aus der Luft

ten Hälfte des 10. Jahrhunderts durch die Ungarnstürme abrupt unterbrochen.

Wir schlagen Ihnen vor, die Insel gegen den Uhrzeigersinn zu umrunden. Es ist ein Spaziergang durch einen wirklich besonderen Ort, im unmittelbaren Kontakt mit den Gärten und kleinen, aber schmucken Häusern der Insulaner, wie sich die Einheimischen selbst nennen. Üppige und gepflegte Gärten, kleine Hafenmolen und Stege und zur Rast einladende Cafés und Wirtshäuser bieten Ihnen alles für Augen und Gaumen.

Der Besuch des Münsters und der unmittelbar benachbarten karolingischen Torhalle ist lohnend. Das Münster, das zu den ältesten kirchlichen Großbauten im süddeutschen Raum gehört, wurde als einschiffige romanische Hallenkirche errichtet. Das Fundament und die Grundmauern sind der karolingischen Epoche (8. Jahrhundert) zuzuordnen. Der übrige Hochbau entstand um das Jahr 1000.

Das älteste Gebäude der Insel ist die karolingische Torhalle, die in ihrer Art als einzigartig im süddeutschen Raum angesehen wird. Die Torhalle schloss die Klosterpfalz ab. Neuesten Nachforschungen zufolge ließ sie Bayernherzog Tassilo III. bereits 782 mit Kloster und Kirche errichten.

Als kunsthistorisch von größter Bedeutung und Schatz des Münsters gelten die in den Sechzigerjahren am Dachboden freigelegten romanischen Gemälde. Die archäologischen Untersuchungen von 1961 förderten Fragmente vermutlich ottonischer Fresken in den drei rechten und drei linken Gewölbetaschen an der Wand rechts und links vom Hochaltar zutage. Besucher können aber nur originalgetreue Kopien dieser Fresken bewundern.

Sehenswert ist der Inselfriedhof unmittelbar vor dem Eingang des Münsters,

Blässhuhn (Fulica atra) -- am Ufer der Fraueninsel ein vertrauter Anblick

dessen Grabinschriften von der einst blühenden Künstlerkolonie zeugen. Auch die Natur zeigt sich auf der Fraueninsel von ganz besonderen Seiten. So erleben Sie am höchsten Punkt der Insel den Lindenplatz mit uralten Linden. Ihr Alter wird zum Teil auf über 1000 Jahre geschätzt.

Auf Ihrem Spaziergang kommen Sie unmittelbar am Klosteranger, einem vom Kloster liebevoll angelegten Obst- und Blumengarten, sowie auf dem nahen Uferweg an einem klassischen Kloster-Kräutergarten nach den Weisungen der Äbtissin Hildegard von Bingen (1098–1179) vorbei. Einkehren können Sie beispielsweise beim Klosterwirt in unmittelbarer Nähe des Hauptstegs oder beim Inselwirt auf der Westseite von Frauenchiemsee.

Goldener Herbst auf der Fraueninsel

TOUR 3.2 Vom Alten zum Neuen Schloss

Der Märchenkönig Ludwig II. von Bayern

Als Anfangspunkt der Tour auf der 230 ha großen Insel im Chiemsee können Sie entweder Prien oder Gstadt wählen. Dort stehen Ihnen große Parkplätze zur Verfügung, von denen Sie in wenigen Gehminuten zu den Anlegestegen der Chiemseeschiffe gelangen.
Die erste und kleinere der beiden Touren auf der Herreninsel führt Sie über das Alte Schloss, die Kreuzkapelle auf einem sehr schönen Spazierweg zum Neuen Schloss und von dort zurück. Das Alte Schloss, auch als Kloster Herrenchiemsee bezeichnet, erreichen Sie zu Beginn der Tour bereits in wenigen Gehminuten. Es

- *Spaziergang vom Landungssteg zum König-Ludwig-Schloss mit Besuch der beiden Schlösser, Hin- und Rückfahrt mit dem Schiff von Prien-Stock oder Gstadt, www.chiemsee-schifffahrt.de*
- *Parkplatz der Chiemsee-Schifffahrt in Prien-Stock: Seestraße 108, 83209 Prien am Chiemsee,*
  oder einer der Parkplätze in
  83257 Gstadt,
  Tel. 0 80 51/6 09-0,
  info@chiemsee-schifffahrt.de
- *2,9 km*
- *3/4 Stunde (nur Herreninsel)*
- *Tour fast ohne Steigungen*
- *Die Tour eignet sich nur als Fußwanderung*
- *Schlosswirtschaft Herrenchiemsee im Alten Schloss direkt am Landungssteg der Insel*
- *Im Konventstock (Ostflügel) des Augustiner-Chorherrenstift (Altes Schloss) tagte 1948 der Verfassungskonvent zum Grundgesetz der Bundesrepublik Deutschland. Heute stehen diese Räume der Öffentlichkeit als Verfassungsmuseum zur Verfügung*

- *Besuch des **Neuen Schlosses Herrenchiemsee***
- *Als Nachbildung von Versailles von König Ludwig II. von Bayern zwischen 1873 und 1886 geplant und gebaut, sollte dieses Schloss ein „Tempel des Ruhmes" für König Ludwig XIV. von Frankreich werden, den der bayerische Monarch grenzenlos verehrte*
- *Schloss- und Gartenverwaltung Herrenchiemsee, 83209 Herrenchiemsee,*
  Tel. 0 80 51/68 87-0,
  www.herren-chiemsee.de
- *Ende März bis Mitte Oktober 09:00 bis 18:00 Uhr, letzte Führung ca. 17:00 Uhr, Mitte Oktober bis Ende März 09:40 bis 16:15 Uhr, letzte Führung: ca. 15:50 Uhr*
- *Am Tourende im zentralen Bereich der Herreninsel*
- *Das Neue Schloss ist ein beliebter Veranstaltungsort für Konzerte und andere Musikveranstaltungen*

Die Herreninsel – ein idealer Ort für einen Familienausflug

ist ein ehemaliges Stift der Augustiner-Chorherren. Bei einem Besuch, der wirklich lohnend ist, erfahren Sie die Details über die wechselvolle Geschichte seit der Klostergründung, die vermutlich bereits im 7. Jahrhundert erfolgte. Ein Benediktinerkloster bestand bis 1130, danach wurde es Stift der Augustiner-Chorherren, später Sitz des Domkapitels für das damalige Bistum Chiemsee. Seine größte Blütezeit erlebte das Stift im 15. Jahrhundert. Schließlich kam es 1803 im Zuge der Säkularisierung zur Auflösung des Klosters. 1808 wurde das Bistum Chiemsee aufgehoben und in der Folge die Klostergebäude in das (Alte) Schloss Herrenchiemsee umgestaltet.

Zu den wechselnden Besitzern zählte um das Jahr 1870 eine württembergische Holzverwertungsgesellschaft, die um ein Haar die kompletten Waldbestände abgeholzt hätte. König Ludwig II. von Bayern verhinderte dies und kaufte 1873 die ganze Insel für 350 000 Gulden, um ab 1878 hier sein „Neues Schloss Herrenchiemsee" zu errichten.

Besondere Bedeutung erlangte die Insel im Jahr 1948, als vom 10. bis 23. August im Konventstock des Alten Schlosses der Verfassungskonvent zur Vorbereitung des Grundgesetzes für die Bundesrepublik Deutschland tagte. An dieses Ereignis erinnert heute eine Ausstellung im Alten Schloss. Der ehemalige Dom soll in den nächsten Jahren auf Betreiben der „Freunde von Herrenchiemsee" wiederhergestellt werden.

Vom Alten Schloss führt die Tour auf einem schönen Spazierweg nach Norden zur Kreuzkapelle, die hier malerisch am Seeufer liegt. Nach einer Rast, die wir Ihnen an dieser Stelle besonders empfehlen können, gelangen Sie, immer dem

Plattbauch (Libellula depressa)-Weibchen

Weg nach Süden folgend, bis zum Kanal des Neuen Schlosses. Von hier öffnet sich nach Osten eine eindrucksvolle Sichtschneise zum Neuen Schloss. Sie treten nun ein in die „dekorativen Gartenanlagen" des Hofgärtendirektors Carl von Effner (1831–1884), nach dessen Planungen die Parkanlagen von Herrenchiemsee im Auftrag des Königs Ludwig II. entstanden sind. Der Realisierung der etwa 81 ha umfassenden Gartenanlage gingen ab 1882 umfangreiche Erdarbeiten voraus, die das Abholzen großer Waldpartien, das Abtragen von Hügeln und das Auffüllen von Mulden des sehr welligen Inselgeländes einschlossen. Auf das Schloss zugehend, erleben Sie die Gartenmittelachse, die in der Fläche etwa ein Drittel der geplanten Gesamtanlage umfasste und erst zum Tod König Ludwigs II. im Juni 1886 weitgehend abgeschlossen werden konnte. Trotz der umfangreichen Arbeiten zu Garten- und Parkanlagen wurden auf großen Teilen der Insel naturnahe Waldbestände und Seeufer mit einer reichen Tier- und Pflanzenwelt erhalten.

Nach dem Besuch des Neuen Schlosses führt der Weg durch den Schlosswald in nördlicher Richtung zurück zur Schiffsanlegestelle. Bevor Sie die Insel wieder verlassen, empfehlen wir Ihnen den Besuch des neuen Schlosskiosks am Schiffssteg, in dem Sie sicher das eine oder andere Erinnerungsstück an Ihren Besuch auf der Herreninsel finden können.

Skulpturen im Treppenhaus des Neuen Schlosses

Gemach des Märchenkönigs

Herbststimmung vor dem Neuen Schloss

TOUR 3.3
Großer Rundgang auf der Herreninsel

Als Anfangspunkt der zweiten Tour auf der Herreninsel können Sie wiederum entweder Prien oder Gstadt am Chiemsee wählen. Dort stehen Ihnen jeweils große Parkplätze zur Verfügung, von denen Sie in wenigen Gehminuten zu den Anlegestegen der Chiemseeschiffe gelangen, die Sie zur Insel bringen. Diese wesentlich längere der beiden Touren auf der Herreninsel beginnt nach der Ankunft auf der Herreninsel auf dem Weg, der links am Informationszentrum vorbei zur Kreuzkapelle an der Nordspitze der Insel führt.

Schwanenpaar vor der Herreninsel

Wanderung zu den schönsten Plätzen der Herreninsel: vom Landungssteg zur Kreuzkapelle, durch die Inselwälder zum König-Ludwig-Schloss und zum Alten Schloss zurück. Besuch der beiden Schlösser. Hin- und Rückfahrt mit dem Schiff von Prien-Stock oder Gstadt, www.chiemsee-schifffahrt.de

Parkplatz der Chiemsee-Schifffahrt in Prien-Stock: Seestraße 108, 83209 Prien am Chiemsee, oder einer der Parkplätze in 83257 Gstadt, Tel. 0 80 51/6 09-0, info@chiemsee-schifffahrt.de

7,2 km

2 Stunden

Tour fast ohne Steigungen

Die Tour eignet sich nur als Fußwanderung

Schlosswirtschaft Herrenchiemsee im Alten Schloss direkt am Landungssteg der Insel

Die Räume im Konventstock (Ostflügel) des Augustiner-Chorherrenstifts (Altes Schloss) stehen heute der Öffentlichkeit als Verfassungsmuseum zur Verfügung

*Besuch des **Augustiner-Chorherrenstiftes (Altes Schloss)***

Das im Barock errichtete Kloster besteht aus vier Flügeln, die einen großen, annähernd rechteckigen Hof mit einem idyllischen Rosengarten umschließen. 1998 wurde im Konventstock und im Fürstenstock ein modernes Museum eingerichtet. Im Prälaturstock ist die Gemäldegalerie Julius Exter mit rund 100 Bildern aus allen Schaffensperioden des Künstlers zu sehen

Schloss- und Gartenverwaltung Herrenchiemsee, 83209 Herrenchiemsee, Tel. 0 80 51/68 87-0, www.herren-chiemsee.de

Ende März bis Ende Oktober 09:00 bis 18:00 Uhr, Ende Oktober bis Ende März 10:00 bis 16:15 Uhr, letzter Einlass jeweils 30 Minuten vor Schließung

Am Tourenanfang (wahlweise: am Ende der Tour)

Im Augustiner-Chorherrenstift (Altes Schloss) tagte 1948 der Verfassungskonvent zum Grundgesetz der Bundesrepublik Deutschland

Rasten auf der Insel des Märchenkönigs

Von dieser Stelle haben Sie einen schönen Blick nach Urfahrn und Mühln. Hier ließ sich einst König Ludwig II., mit Eisenbahn und Kutsche von München kommend, zur Besichtigung seines Schlosses mit einem Kahn zu seiner Insel übersetzen. Eine Rast an diesem wunderschönen Platz ist sehr zu empfehlen.

Von hier führt der Weg in südliche Richtung, vorbei an den Stallungen der Kutschpferde, durch die Pferdekoppeln entlang einer schönen und alten Baumallee bis zum Schlosskanal. Auf diesem Weg haben Sie eine wunderbare Aussicht auf die nahen Chiemgauer Berge und die umliegende Landschaft. Nach Erreichen der Sichtschneise können Sie einen ersten Blick auf die Prunkfassade des Neuen Schlosses werfen und in westlicher Richtung auf das Prienavera, das attraktive Erlebnisbad der größten Chiemseegemeinde Prien am gegenüberliegenden Chiemseeufer. Sie überqueren die Schneise zum Neuen Schloss und folgen dem Waldweg in südlicher Richtung bis zum südlichen Steilufer der Insel. Von hier führt Sie die Wanderung in östliche Richtung weiter, immer auf dem Waldweg, durch einen naturnah bewirtschafteten wunderschönen Laubmischwald. Auf dem Weg treffen Sie auf ein Hinweisschild „Altes Wasserwerk", das auf die Überreste eines alten Wasserbeckens hinweist, das zur Speisung der Wasserspiele vor dem Schloss dienen sollte. Die Anlage funktionierte aber nicht so, wie man es sich vorgestellt hatte, da der Höhenunterschied angeblich zu gering war.

Mit dem Kutschwagen vom Alten zum Neuen Schloss

Männchen der Braunen Mosaikjungfer (Aeshna grandis)

An der südöstlichen Inselspitze biegen Sie links ab, in nördliche Richtung, bis Sie auf die östliche Auffahrtsallee zum Neuen Schloss stoßen. Dieser folgen Sie bis zum Schloss. Den Eingang erreichen Sie von der Prunkseite des Neuen Schlosses, der Westseite. Auf eine Schlossbesichtigung, die etwa 30 Minuten dauert, sollten Sie nicht verzichten. Für eine Rast mit Kaffee und Kuchen oder einem Getränk ist hier gut gesorgt.

Genießen Sie vor dem Neuen Schloss den im französischen Stil angelegten Park mit seinen prachtvollen Brunnen, die alle 20 Minuten ihre Wasserspiele zeigen. Bei einem Besuch der Herreninsel tauchen Sie ein in eine andere, besondere Welt – in die Welt mittelalterlichen Klostergeschehens und vor allem in die Welt des Märchenkönigs. Diese zieht bis heute alljährlich eine halbe Million Menschen als Besucher aus aller Welt magisch an. Auch wenn König Ludwig II. die Vollendung seines Traumschlosses nicht mehr erlebt hat, da er 1886 auf ungeklärte Weise im Starnberger See ertrank, lebt er ganz besonders in ihm fort. Der Dichter Paul Verlaine nannte Ludwig II. den „einzigen wahren König dieses Jahrhunderts". Der menschenscheue Träumer, das Gegenbild eines Bürgerkönigs, ist noch heute als „der Kini" präsent und wird als Idol verehrt.

Seine Schlösser, die nie ein Fremder betreten sollte, wurden seit seinem Tod von mehr als 50 Millionen Menschen besucht. Sie sind steinerne Zeugen der idealen Gegenwelt, die der König sich in Abwendung von der Gegenwart errichtete.

Zum Endpunkt der Tour, dem Alten Schloss kurz vor dem Landungssteg, gelangen Sie zu Fuß oder mit dem Kutschwagen. Das Alte Schloss, dessen Besuch sehr lohnenswert ist, besteht aus einem Geviert der

Fuchsjagdgesellschaft vor dem Neuen Schloss

Klostertrakte. Prunkstücke sind der Kaisersaal im Südflügel mit seiner Dekoration aus der Zeit um 1700 und die zweischiffige Halle der um 1735 errichteten Bibliothek. Seit 1998 befindet sich im Ost- und Südflügel ein Museum, im Nordflügel ist eine Gemäldegalerie mit rund 100 Bildern von Julius Exter untergebracht.

Blick von der Fraueninsel auf das Alte Schloss

Die Chiemseemoore

Wo es ungewöhnliche Lebensräume für Tiere und Pflanzen gibt

Die Chiemseemoore prägen die Natur südlich des Chiemsees. Bis zum Ende des vorigen Jahrhunderts unterlagen sie der intensiven Torfgewinnung und allen damit verbundenen Einflüssen auf die Natur. Heute steht das Kerngebiet der Chiemseemoore als Naturschutzgebiet unter strengem Schutz. Nach Einstellung der Nutzungen wurde seither versucht, die zentralen Bereiche zwischen Bernau, Übersee und Grassau zu renaturieren und einer natürlichen Entwicklung zu überlassen.

Die ausgewählten Touren führen Sie in nahezu unberührte Moorbereiche und zeigen Ihnen die einstigen Abbaugebiete. An vielen Stellen erhalten Sie einen Einblick in die vielfältigen Aktivitäten zur Einleitung einer naturorientierten Entwicklung der Moore. Darüber hinaus bietet Ihnen ein Besuch des Museums Salz & Moor Klaushäusl und des Bayerischen Moor- und Torfmuseum am Torfbahnhof sehr viel Wissenswertes über das Gebiet. Besonders erwähnenswert ist auch das Angebot beider Museen für Kinder und Jugendliche.

Tour ohne Steigungen durch die Kendlmühlfilze, den Kernbereich des Naturschutzgebietes KENDLMÜHL-FILZE. Hochmoor von internationaler Bedeutung

Parkplatz hinter dem Hefterstadl, Theodor-von-Hötzendorff-Straße 1–3, 83224 Grassau

5,5 km

1,5 Stunden

Leichte Tour ohne Steigungen

Die Tour eignet sich als Fuß- und Radwanderung

Alpenhof Chiemgau
in Westerbuchberg, Übersee

Ein Besuch des Aussichtsturms mitten in den Kendlmühlfilze ist sehr empfehlenswert

Alpenhof Chiemgau
Westerbuchberg, Übersee

Gasthaus in herausragender Lage
mit großer Sonnenterrasse
mit Aussicht über die Chiemseemoore
und weit in das Achental
und die Chiemgauer Alpen

Westerbuchberg 99
83236 Übersee
Tel. 0 86 42/89 40
www.alpenhof-chiemgau.de

Von Donnerstag bis Montag
ganztägig geöffnet,
Dienstag Ruhetag.
Mittwoch ist ab 17:00 Uhr geöffnet

Mittleres Preisniveau

Mit Pkw in ca. 10 Minuten
vom Ausgangspunkt erreichbar

Ausgezeichnete bodenständige und verfeinerte bayerische Küche

TOUR 4.1
Von Grassau in die Kendlmühlfilze

Der Ausgangspunkt befindet sich auf dem Parkplatz hinter dem zentral gelegenen Hefterstadl in der Ortsmitte von Grassau. Von hier führt der Weg, dem Schild Moosweg folgend, nach Norden. Zunächst noch am Ortsausgang Grassau auf einer Teerstraße wandernd, durchqueren Sie die Siedlung Obermoosbach und etwas später die Siedlung Moosbauer, die bereits am Rande des Naturschutzgebietes Kendlmühlfilze liegt. Von hier führt ein unbefestigter, aber schöner Feldweg unmittelbar in das Naturschutzgebiet.

Blick aus der Kendlmühlfilze

Das Naturschutzgebiet Kendlmühlfilze besteht aus zwei Hochmoorkomplexen, dem eigentlichen Hochmoor Kendlmühlfilze und dem westlich angrenzenden

Hackenfilz. Mit einer Größe von 1800 ha gehört diese Landschaft in Süddeutschland zu den bedeutenden Hochmooren. Sie ist erst 1992 zum Naturschutzgebiet ausgewiesen worden, nachdem vorher der industrielle Torfabbau beendet und eine umfassende Renaturierung des Moores eingeleitet werden konnte.

Aussichtsturm im Naturschutzgebiet Kendlmühlfilze

Der Moosweg führt geradeaus in das Zentrum des Moorgebietes, wo Sie ein Aussichtsturm erwartet, der Ihnen einen sehr schönen Überblick über den Kernbereich des Moorgebietes ermöglicht. Links und rechts zeigen sich die beim Torfabbau entstandenen Geländestufen und an vielen Stellen immer noch die teilweise aktiven Entwässerungsgräben. In den Jahren 1999 bis 2001 wurden im Rahmen des LIFE-Programms der EU umfassende Maßnahmen zur Wiedervernässung einstiger Torfabbauflächen durchgeführt. Die für den Torfabbau notwendigen Entwässerungsgräben wurden dabei an geeigneten Stellen verfüllt und Flachgewässer aufgestaut, um den natürlichen Wasserhaushalt des Hochmoores wiederherzustellen.

Kurz vor Erreichen des Aussichtsturmes stoßen Sie auf die Reste des alten Schie-

Die Natur kehrt zurück

nensystems der Torfbahn, die einst im ganzen Moor auf nahezu 300 km Länge fuhr und den Torf zum Torfbahnhof transportierte. An der Moorvegetation lässt sich gut ablesen, in welchem Umfang das Moor genutzt worden ist. Wo heute hohe Bäume stehen, waren Entwässerungsmaßnahmen besonders wirksam.

Vom Aussichtsturm sehen Sie auch die ehemaligen Torfabbauflächen, an deren Stelle heute zum Teil mit Wasser gefüllte Tüm-

Grasfrosch (Rana temporaria) in Ruhestellung

pel entstanden sind. Es handelt sich zum Teil um Grundbrüche, die dann entstehen können, wenn mineralisches Grundwasser aufgrund der fehlenden Auflast des Moorkörpers aufsteigen kann.
Die Moorflächen bieten einer Reihe von Tieren einzigartige Lebensräume. So findet man hier eine Reihe von Amphibienarten, wie den Grasfrosch oder den grün gefärbten Wasserfrosch, aber auch Ringelnatter und Kreuzotter, die in diesem Gebiet noch mit ganz ansehnlichen Beständen vertreten sind. Die zentralen Moorbereiche sind aber auch einzigartige Insektenlebensräume. Hier können Sie Schmetterlingen wie dem seltenen Trauermantel oder einem Vertreter aus der Familie der wunderschön gefärbten Bläulinge genauso begegnen wie der Blauflügel-Prachtlibelle oder der sehr seltenen Großen Moosjungfer, einer vom Aussterben bedrohten Libellenart. Sie alle finden hier geeignete Blüten für die Nahrungssuche, die richtigen Futterpflanzen für ihre Raupen oder das richtige tierische Futter, um zu überleben. Am Aussichtsturm stehen Ihnen ausgezeichnete Informationen über die Moorgeschichte und den heutigen Status der Kendlmühlfilze zur Verfügung.
Sie gehen nun zunächst auf dem gleichen Weg zurück bis zu einem Holzwegweiser. Dort folgen Sie dem „Moorrundweg" nach rechts. Dieser führt Sie mitten durch das Moor. Er wird am Anfang von Birken gesäumt und durchquert dann das fast baumfreie Hochmoor – mitten durch Zwergstrauchheiden, in denen Latschen und Spirken die einzigen Bäume sind. Nach knapp einem Kilometer gelangen Sie auf einen weiteren Moorweg, an dem Sie nach links abbiegen. Dieser Weg führt nun immer in südlicher Richtung zum Ausgangspunkt zurück. Sobald Sie den kleinen Parkplatz am Moorrand erreicht haben, biegen Sie nach links ab und stoßen nach etwa 200 m auf einen Reiterhof, durch den der Weg weiter nach Süden führt. Nachdem Sie die kleine Siedlung von Hindling passiert haben, sehen sie schon den Verkehr auf der B 305. Etwa 100 m vor der Bundesstraße biegen Sie, einem Wanderweghinweis folgend, nach links in einen schmalen Fußpfad ein. Dieser endet am Ortsrand von Grassau. Hier biegen Sie zunächst nach rechts und dann links in die Wolfgang-Schmidt-Straße ein. Nach etwa 150 m erreichen Sie wieder den Ausgangspunkt.

Trauermantel (Nymphalis antiopa) in voller Pracht

Männchen der Gebänderten Heidelibelle (Sympetrum pedemontanum)

TOUR 4.2 Moorerlebnispfad Kendlmühlfilze

Der Moorerlebnispfad Kendlmühlfilze gehört mit 1,8 km zu den kürzesten Touren, gibt aber einen besonders eindrucksvollen Einblick in ein intaktes Moor. Der Ausgangspunkt für diese Tour befindet sich auf dem Parkplatz des Klaushäusl, des

Rotfußfalke (Falco vespertinus), ein seltener Jäger im Moor

Museums Salz & Moor, unmittelbar an der Bundesstraße 305 zwischen Rottau und Grassau. Auf dem Parkplatz können Sie vier Stunden kostenlos parken. Die Wanderung beginnt nördlich der Bundesstraße gegenüber dem Museumseingang auf einem kleinen Wiesenpfad. Sie folgen dem unbefestigten Weg entlang des Grabens und stoßen nach etwa 150 m auf einen Weg, den Sie etwa 200 m in nördlicher Richtung weitergehen. Am Waldrand erreichen Sie einen Wegweiser und eine Informationstafel. Der Wegweiser führt Sie nach rechts direkt auf den Moorerlebnispfad. Entlang des Moorerlebnispfades

Tour ohne Steigungen durch einen unberührten Bereich der Kendlmühlfilze mit informativen Hinweisen zur örtlichen Tier- und Pflanzenwelt

Parkplatz am Museum Salz & Moor Klaushäusl, direkt an der B 305 zwischen Grassau und Rottau

1,8 km

0,5 Stunden

Leichte Tour ohne Steigungen

Die Tour eignet sich nur als Fußwanderung

Nach der Tour: Sepp'n-Bauer – Hofladen und Erlebnisbauernhof Rottauer Straße 72 a, 83233 Bernau Tel. 0 80 51/9 61 72-22

Der Moorerlebnispfad verfügt auf halber Strecke über einen breiten Holzsteg, der sich für eine Rast im Moor gut eignet

Museum Salz & Moor Klaushäusl
direkt an der B 305 zwischen Grassau und Rottau

Kleines, aber sehr interessantes Museum, das sich mit der Technikgeschichte des historischen Salztransports beschäftigt; im Teilbereich Moormuseum erhalten besonders Kinder und Jugendliche Einblick in das Wesen und die Biologie von Mooren

Museumsverwaltung Gemeindeverwaltung Grassau Marktstraße 1, 83224 Grassau, Tel. 0 86 41/40 08-18 www.grassau.de

Mai bis Oktober jeweils Dienstag bis Sonntag 11:00 bis 17:00 Uhr, Führungen Mittwoch und Samstag 10:00 Uhr

Am Ausgangspunkt der Tour

Für Gruppen werden auch Führungen auf Voranmeldung angeboten

Schwarzkehlchen (Saxicola rubicola), seltener Brutvogel am Moorrand

erhalten Sie immer wieder Informationen über das Hochmoor und seine Tier- und Pflanzenwelt.
Zuerst führt der Pfad ein kurzes Stück durch ein kleines Moorrandwäldchen. Danach erreichen Sie das nahezu unberührte Hochmoor in seiner typischen Ausprägung. In diesem Bereich sind ganz unterschiedliche Begegnungen mit Schmetterlingen, Libellen und die für diesen Lebensraum charakteristischen Vogelarten möglich. Mit etwas Glück treffen Sie auf das Schwarzkehlchen, das Braunkehlchen, den Bluthänfling oder andere Vogelarten, die hier leben oder das Hochmoor gerne besuchen. Besonders an windstillen Tagen können Sie je nach Jahreszeit auf unterschiedlichste Insekten treffen. So zum Beispiel den Blauäugigen

Blauäugiger Waldportier (Minois dryas) – ein lebendes Gütesiegel

Waldportier oder den Plattbauch, eine Libellenart, zu deren Lebensräumen auch das Hochmoor oder dessen Rand gehört.
Etwa in der Mitte der Wanderung erreichen Sie einen Holzsteg, der am Ende

Ein besonderer Genuss – Rasten mitten im Moor

etwas verbreitert ist und zu einer kleinen Rast einlädt. Gönnen Sie sich an dieser Stelle eine Rast im Moor, lauschen Sie dem Vogelgesang und genießen Sie den Ausblick auf die nahen Chiemgauer Alpen. Von hier sehen Sie die ganz typische Pflanzendecke eines Hochmoores, wie sie sonst nur in Wildnisgebieten Skandinaviens oder Kanadas erlebt werden kann: Zwergstrauchheiden, bestehend aus Moosbeere, Rosmarinheide, Scheidigem Wollgras mit unterschiedlich großen Inseln aus flach liegenden Latschen und aufrecht stehenden Spirken. Die weiß leuchtende Rinde der Birken, die an etwas trockeneren Stellen des Hochmoores wachsen, ergeben wunderbare Kontraste zu der sonst von dunklen Grüntönen geprägten Landschaft. Dieser Bereich der Kendlmühlfilze kann für viele Moorflächen, die derzeit im gesamten Naturschutzgebiet Kendlmühlfilze renaturiert werden, als Musterfläche gelten. Zwischen 1999 bis 2001 wurden im Rahmen des LIFE-Programms der EU weitreichende Massnahmen zur Vernässung von ehemaligen Torfabbauflächen durchgeführt. Um den natürlichen Wasserhaus-

Sonnentaugewächse (Droseraceae) gehören zu den Pflanzenjuwelen des Hochmoores

Vorbildliche Informationstafel am Moorerlebnispfad

halt des Hochmoores wiederherzustellen, wurden ab dieser Zeit die für den Torfabbau notwendigen Entwässerungsgräben teilweise verfüllt und Flachgewässer im Bereich ehemaliger Torfabbauflächen aufgestaut. Für diese Maßnahmen wird ein langer Atem benötigt. Auch wenn erste Erfolge bereits sichtbar sind, dauert es noch sehr lange, bis sich die typischen Hochmoorpflanzengesellschaften, zu denen etwa Torfmoose, Sonnentau und Scheidiges Wollgras gehören, wieder großflächig angesiedelt haben. Vom Holzsteg des Moorerlebnispfades können Sie im Hochsommer an den feuchten Stellen des Moores den Sonnentau anschauen, ohne einen Schritt in das Moor machen zu müssen.

Von hier führt die Wanderung dann weiter nach Süden, wo Sie nach etwa 300 m den südlichen Moorrand erreichen. In der kleinen Siedlung Klaus biegen Sie wieder nach Westen und erreichen nach etwa 400 m den Weg, der zum Ausgangspunkt zurückführt. Wenn sie einkehren möchten, können Sie beispielsweise den Sepp'n-Bauern in Bernau-Farbing aufsuchen, der unter anderem hervorragende Brotzeiten bietet.

Wanderung fast ohne Steigungen zum Torfbahnhof und durch den Hackenfilz zurück

Ausgangspunkt ist der Parkplatz am Museum Salz & Moor Klaushäusl, direkt an der B 305 zwischen Grassau und Rottau

11 km

2,5 Stunden

Leichte Tour fast ohne Steigungen

Die Tour eignet sich als Fuß- und Radwanderung

Nach der Tour: Sepp'n-Bauer – Hofladen und Erlebnisbauernhof Rottauer Straße 72 a, 83233 Bernau Tel. 0 80 51/9 61 72-22

Am Ende der Tour besteht die Möglichkeit, eine südlich des Hackenfilz gelegene Anlage mit Kneippbecken zu nutzen

Bayerisches Moor- und Torfmuseum

Junges Lokalmuseum, das sich mit dem einstigen Torfabbau in den Kendlmühlfilzen beschäftigt

Träger:
Museumsverein Torfbahnhof Rottau e. V.
Ludwig-Thoma-Straße 13 a
83233 Bernau am Chiemsee
Telefon: 0 80 51/9 67 47 01

Ende März bis Anfang November Führungen (mit Feldbahnfahrt) jeweils Samstag um 11:00, 14:00 und 16:00 Uhr, in den Sommerferien in Bayern außerdem Sonntag und Mittwoch zu den gleichen Zeiten

Etwa in der Mitte der Tour

Weitere Führungen werden ab 10 Erwachsenen auf Voranmeldung angeboten

TOUR 4.3 Vom Klaushäusl zum Torfbahnhof

Mit 11 km gehört diese Tour zu den längeren in diesem Führer. Sie eignet sich auch ganz gut, um sie mit dem Fahrrad zu machen. Thematisch zeigt sie uns, wie der Mensch die Moore bis in die zweite Hälfte des vorigen Jahrhunderts als Rohstofflieferanten für Torf genutzt hat. Der Ausgangspunkt der Tour ist der Parkplatz am Klaushäusl, unmittelbar an der Bundesstraße 305 zwischen Rottau und Grassau.

Ausrangiert – der Natur zuliebe

Auf dem ersten Stück verläuft die Route genau wie bei Tour 4.2, die sich dem Moorlehrpfad Rottau-Grassau widmet. Nach Überquerung der Bundesstraße 305 gehen Sie in nördlicher Richtung entlang eines Grabens. Nach etwa 150 m auf einem unbefestigten Wiesenpfad erreichen Sie den Rand der Kendlmühlfilze und folgen einem Weg weiter in nördlicher Richtung. Am Moorrand stoßen Sie auf eine Informationstafel, die sehr anschaulich über Kulturgeschichtliches, den Torfbahnhof,

das Museum Salz & Moor Klaushäusl und die Geologie des Moorgebietes informiert. Die Bedeutung des Gebietes wird auch dadurch hervorgehoben, dass dieser Weg zum überregionalen Wanderweg Grenzenlos zwischen Bayern und Tirol gehört, auf dem auch unsere Tour zum Teil verläuft.
Unser Weg führt auf einer Strecke von etwa 2 km immer entlang von Gräben, bis er am Nordrand von Rottau auf eine Teerstraße stößt, der Sie in nördlicher Richtung etwa 2,5 km folgen. Diese Straße verläuft zwischen Hackenfilz und Kendlmühlfilze, den beiden Hauptkomplexen des Naturschutzgebietes Kendlmühlfilze. An der Bahnstrecke München–Salzburg erreichen Sie den 1920 erbauten Torfbahnhof. Er ist heute als Industriedenkmal ausgewiesen und Teil des Bayerischen Moor- und Torfmuseums. In der ehemaligen Torfverlade- und Aufbereitungsstation wird die nahezu komplett erhaltene ursprüngliche maschinelle Einrichtung gezeigt. Zu den bemerkenswerten Exponaten gehören unter anderem eine für Europa einmalige Torfpresse und eine Feldbahn mit der Spurbreite von 880 mm. Das Museum, das Führungen mit Feldbahnfahrt anbietet, zeigt aber auch anhand von Informationstafeln und Originalexponaten viel Wissenswertes zur Torfgewinnung und -verarbeitung. Der Besuch kann sehr empfohlen werden.
Vom Torfbahnhof führt die Tour auf einer Länge von etwa 3 km entlang der Bahnstrecke bis zur ersten Verbindungsstraße zwischen Bernau und Rottau. Der Blick nach Süden zeigt immer wieder bewaldete Moorkomplexe mit den Bergen der Chiemgauer Alpen, wie Hochgern, Hochplatte und Kampenwand, im Hintergrund. Nach Erreichen der Teerstraße biegen Sie links ab und folgen der Straße in Richtung

Die Sumpfdotterblume (Caltha palustris) prahlt im Frühling mit ihrem leuchtenden Gelb

Stillgelegt – der alte Torfbahnhof in Rottau

Gebänderte Heidelibelle (Sympetrum pedemontanum) beim Landeanflug

Rottau. Entlang der Route zeigen sich uns immer wieder Spuren des Torfabbaus, aber auch heute notwendiger Maßnahmen zur Abgrenzung der Moorbereiche gegenüber den umliegenden landwirtschaftlich genutzten Flächen. So müssen auch heute noch Entwässerungsgräben an den Moorrändern funktionstüchtig gehalten werden, um die Existenz der vorhandenen Infrastrukturen – Wege, Straßen und die Eisenbahnlinie – nicht zu gefährden. Die Maßnahmen des Naturschutzes orientieren sich daher einerseits an einem wirksamen Schutz der Moorkernbereiche und andererseits an den Erfordernissen zur Erhaltung einer nachhaltigen Landwirtschaft außerhalb der Moore, was in zunehmendem Maße gelingt.

Etwa 350 m nach dem Moorrand folgen Sie einem Wegweiser zur Kneippanlage, der im spitzen Winkel von der Teerstraße nach links weist. Sie folgen einem schönen Wiesenweg zuerst in nördlicher, dann in südöstlicher Richtung. Nach etwa 500 m erreichen Sie am Moorrand die Rottauer Kneippanlage, die ebenso wie der Barfußweg von jedermann unentgeltlich genutzt werden kann.

Von hier führt der Weg weiter in südöstlicher Richtung und stößt nördlich von Rottau wieder auf den ersten Abschnitt des Hinweges, dem Sie von hier bis zum Ausgangspunkt folgen.

Hauhechel-Bläuling (Polyommatus icarus)

Wenn sie einkehren möchten, können Sie beispielsweise den Sepp'n-Bauern in Bernau-Farbing aufsuchen, der außer diversen Spezialitäten in seinem Hofladen auch hervorragende Brotzeiten bietet.

Hermelin oder Großes Wiesel (Mustela erminea) im freien Sprung

Der Unterlauf der Prien

Ein faszinierender Wildbach mit viel Natur

Die Prien, der zweitgrößte Zufluss des Chiemsees, entspringt am Spitzstein auf 1150 m ü. NN und mündet nach 32 km nördlich von Prien in die Schafwaschener Bucht des Chiemsees. Als einer der längsten Wildbäche im bayerischen Alpenraum verursacht sie immer wieder Sorgen. Manchmal fließt sie als zahmes Bächlein, zu anderen Zeiten kommt sie als reißender Fluss daher und verfüllt mit den mitgebrachten Schwebstoffen langsam, aber unaufhaltsam die Schafwaschener Bucht. Nach den bisherigen Berechnungen wird diese flache Bucht des Chiemsees bereits in wenigen Jahrzehnten verlandet sein. Fachleute sehen keine Chance, diese Entwicklung aufzuhalten.
Die Touren am Unterlauf der Prien führen in das wunderschöne Eichental bis nach Wildenwart, an die Prienmündung und von dort bis nach Hochstätt am Nordufer des Aiterbacher Winkels (Schafwaschener Bucht) und zurück. Auf allen Touren begegnen Sie der Natur von ihren schönsten Seiten.

TOUR 5.1 Durchs Eichental nach Wildenwart

Zaunkönig (Troglodytes troglodytes)

Der Ausgangspunkt der Tour befindet sich auf dem Parkplatz an der Beilhackstraße am westlichen Ortsausgang von Prien. Von hier führt der Weg an oder in der Nähe der Prien flussaufwärts bis nach Wildenwart. Der Gebirgsbach fließt in diesem Abschnitt sehr natürlich, und die Natur zeigt sich von ihrer schönsten Seite. Im ausgezeichneten Wasser der Prien leben Bachforellen, Mühlkoppen, seltene Libellen und zahlreiche Kleinstlebewesen, die den Fischen als Nahrung dienen. Hier können Sie auch dem seltenen Eisvogel und der Wasseramsel begegnen.

Groppe (Cottus gobio) – auch Mühlkoppe genannt

Sollten Sie das Glück einer solchen Begegnung haben, empfehlen wir Ihnen, die Sekunde zu nutzen, ganz still stehen zu bleiben und die Tiere zu beobachten. Die

Tour mit Steigungen durch das Eichental zwischen Prien und Wildenwart

Parkplätze an der Beilhackstraße in Prien (von der Ortsmitte in Richtung Rimsting; vor der Prienbrücke links abbiegen)

10,6 km

3 Stunden

Mittelschwere Tour mit Steigungen

Die Tour eignet sich vor allem als Fußwanderung

Schlosswirtschaft in Wildenwart

Schöne Plätze zum Rasten an der Prien; Minigolfanlage Eichental, Dr.-Knorz-Str. 1, 83209 Prien

***Schlosswirtschaft** in Wildenwart*

Gasthof in ruhiger Ortslage am Schloss Wildenwart mit sehr schönem Biergarten

Ludwigstraße 8
83112 Frasdorf
Tel. 0 80 51/27 56,
www.schlosswirtschaft-wildenwart.de

Mittwoch bis Sonntag
10:00 bis 14:00 und 17:00 bis 24:00 Uhr;
warme Küche:
11:30 bis 14:00 und 17:30 bis 21:00 Uhr

Mittleres Preisniveau

Etwa auf der Hälfte der Tour

Ausgezeichnete bodenständige und verfeinerte bayerische Küche

erwachsene Wasseramsel ist ganz leicht zu erkennen. Sie ist mit etwa 18 Zentimetern Körperlänge etwas kleiner als ein Star, hat eine schiefergraue Oberseite, einen mittelbraunen Kopf und Nacken, Kehle, Hals und Brust sind meist reinweiß, manchmal auch leicht rahmfarben. Sie sitzt gerne auf Steinen, die aus dem Wasser ragen. Typisch und besonders auffällig ist das Knicksen. Dabei knickt der Vogel im Fersengelenk kurz ein, der übrige Körper wird waagrecht und ruhig gehalten. Häufig werden die Flügel leicht gespreizt, oft erfolgt nach jedem Knicksen eine leichte Körperwendung. Wussten Sie schon, dass die Wasseramsel zur Nahrungssuche ins Wasser eintaucht, um dort nach Nahrung für sich und ihre Jungen zu suchen? In der Prien hat sie einen reich gedeckten Tisch. Zu ihren wichtigsten Beutetieren gehören vor allem die Larven der Köcherfliegen, Eintagsfliegen, Steinfliegen, Lidmücken und Kriebelmücken. Nicht ganz so wichtig

Gartenbaumläufer (Certhia brachydactyla)

Wasseramsel (Cinclus cinclus)

sind die Larven und Geschlechtstiere von Schnaken und die verschiedener Wasserkäfer. Süßwasserschnecken, Würmer, Flohkrebse und Wasserasseln gehören aber auch zu ihrem Beutespektrum.

Planen Sie für diese Wanderung genügend Reservezeit ein, denn immer wieder kann es sein, dass die Natur Sie in ihren Bann zieht. Auf dem Weg nach Wildenwart passieren Sie die kleinen Siedlungen Kaltenbach und Mühlthal, zwei lauschige Orte an der Prien. Kurz hinter Mühlthal verlassen sie das Priental und folgen dem Weg nach Prutdorf. Innerorts überqueren Sie die Staatsstraße und wandern im Dorf immer weiter in südlicher Richtung.

Von Weitem erkennen Sie die Kuratiekirche Christkönig, die katholische Dorfkirche von Wildenwart. Sie wurde in den Jahren 1933/34 nach Entwürfen des Architekten und Kirchenbaumeisters Georg Berlinger auf einer kleinen Anhöhe außerhalb des Ortes errichtet. Das zwiebelgekrönte Gotteshaus erinnert in seinem Aussehen ein wenig an die barocken Kirchen des Voralpenlandes. Zentrales Element des Baus ist der achteckige Chorraum. Auch wenn es sich nicht um eine geschichtsträchtige Kirche handelt, kann ein kurzer Besuch durchaus empfohlen werden.

Von der Anhöhe erblickten Sie bereits den Ort Wildenwart, die Station auf der Hälfte unserer Tour. Zum Einkehren empfehlen wir Ihnen hier die Schlosswirtschaft Wildenwart, einen traditionsreichen Gasthof in wunderschöner Ortslage. Direkt neben dem Gasthof steht über dem Priental thronend das Schloss Wildenwart, das seine jetzige Form als Vierflügelanlage mit Eckturm um einen mit Arkaden geschlossenen Innenhof um 1600 erhielt. Das Schloss war Sitz der bis 1806 mit der Hochgerichtsbarkeit ausgestatteten Herrschaft Wildenwart. Durch Kauf und später auf dem Erbweg gelangte es schließlich in den Besitz der bayerischen Königsfamilie. Seit 1979 wird das Schloss von Herzog Max in Bayern, zweiter Mann im Hause Wittelsbach hinter seinem Bruder Franz und Urenkel von Ludwig III., und seiner Familie bewohnt.

Von Wildenwart führt die Tour wieder ins Tal der Prien, wo Sie auf der wenig befahrenen Straße durch die Mühlenanlage Rain nach Überquerung der Prien etwa 500 m weiter den Ort Vachendorf erreichen. Der Rückweg führt dann hinunter ins Priental bis Kaltenbach, wo Sie am westlich Ortsrand wieder auf den Hinweg stoßen. Diesem folgen Sie in der Gegenrichtung, bis Sie nach etwa 40 Minuten wieder am Ausgangspunkt der Tour in Prien angekommen sind.

Schloss Wildenwart

Hochzeitsgesellschaft auf dem Weg zur Kirche

TOUR 5.2 Von Prien-Stock zur Mündung der Prien

Tour entlang des Chiemsees ohne Steigungen von Prien-Stock zur Prienmündung

Parkplatz der Chiemsee-Schifffahrt in Prien-Stock: Seestraße 108, 83209 Prien am Chiemsee, oder einer der Parkplätze in 83257 Gstadt, Tel. 0 80 51/6 09-0, info@chiemsee-schifffahrt.de

5,8 km

1,5 Stunden

Kleine Tour ohne Steigungen

Die Tour eignet sich als Fuß- und Radwanderung

Hotel Schlossblick, Prien, auf dem Rückweg

Schöne Plätze zum Rasten oder Baden im Strandbad Rimsting

Hotel Schlossblick

Hotel mit drei Restaurants und einem Café für verschiedene Geschmäcker und schönem Blick über den See

Seestraße 117, 83209 Prien, Tel. 0 80 51/961 79 33

Aktuell zu erfragen unter: www.schlossblick-chiemsee.de

Normales Preisniveau

Kurz vor Ende der Tour

Man hat die Wahl zwischen einem Steakhouse, einem bayerischen Restaurant, einem Café und einem italienischen Restaurant mit Holzofenpizza

Der Ausgangspunkt der Tour befindet sich auf dem Parkplatz der Chiemseeschiffahrt in Prien-Stock. Von hier führt der Weg in nördlicher Richtung auf dem entlang der Straße verlaufenden Fußweg nach Prien-Osternach. Am westlichen Ortsausgang von Osternach gehen Sie dann nach rechts und folgen in nördlicher Richtung den Wegweisern zur Prienmündung. Am Ende der Siedlung stoßen Sie auf einen Wanderweg, dem Sie kurz in westlicher, dann in nördlicher Richtung bis zur Mündung der Prien folgen. Der Weg führt entlang eines Grabens durch naturnahe Streuwiesen, die vom Frühjahr bis in den Herbst verschiedenfarbige Bilder bieten: das satte Gelb der Sumpfdotterblume im Frühjahr, das zarte Rosa der Mehlprimel im Mai bis Juli und die vielfältigen Farbtöne des Herbstes. Die Streuwiesen gehören

Kormoran (Phalacrocorax carbo)

neben den Trocken- und Halbtrockenrasen zu den artenreichsten Lebensräumen Mitteleuropas. Nur die Erhaltung eines vielfältigen Mosaiks ausreichend großer Streu- und Nasswiesen wird den Ansprüchen dieser Lebensgemeinschaften gerecht. Die Streuwiesen am Chiemsees gehören zu den Kronjuwelen der offenen Kulturlandschaft Bayerns. Nur einmal im Jahr gemäht, bieten sie zahlreichen Pflan-

Westufer zwischen Prien-Stock und Prienmündung

zen und Tieren wertvolle Lebensräume. Gut, dass sie inzwischen dem strengen Schutz des Bayerischen Naturschutzgesetzes unterliegen und nicht mehr entwässert oder bebaut werden können. Der Freistaat Bayern unterstützt die Landwirte, die diese Wiesen traditionell bewirtschaften, mit Förderprogrammen und sichert dadurch deren langfristige Erhaltung.

Kurz bevor Sie die Prien erreichen, führt der Wanderweg über eine schmale Holzbrücke, die Ihnen einen schönen Blick auf den Chiemsee und auf den Greamandlweiher ermöglicht. Der Greamandlweiher ist ein sehr naturnahes Gewässer, das durch einen Kanal mit dem Chiemsee verbunden ist. Ein üppiger Flor aus gelb blühenden Teichrosen verwandelt ihn im Sommer in einen attraktiven Wassergarten, der auch für Wassertiere ein wichtiger Lebensraum ist.

Kurz nach der Brücke stoßen Sie auf ein Schild, das Sie vielleicht zum Staunen bringen wird. Informiert Sie doch die Gemeinde Rimsting, dass sich der Biber wieder an der Prienmündung angesiedelt hätte. Tatsächlich: Der Biber ist zurück – galt er über nahezu hundert Jahre in Bayern als ausgestorben, waren Einbürgerungsaktionen vor etwa 30 Jahren an mehreren Stellen in Bayern so erfolgreich, dass viele

Vom Biber gefällter Baum

Landschaften in Bayern wieder vom Biber besiedelt worden sind. Am Chiemsee kommt er gleich an mehreren Stellen vor. So auch an der Prienmündung, wo er sich inzwischen eine „Burg" gebaut und bei der Suche nach geeigneter Nahrung eine Reihe von Laubbäumen gefällt hat. Wie Sie mehr über den Biber erfahren, verrät Ihnen das Schild.

Weiter führt die Tour über die Prien bis zum Ende der Landzunge, die sich nörd-

Gänsesäger (Mergus merganser)-Paar

Zeuge der Eiszeit – ein spannender Spielplatz

Männchen der Reiherente (Aythya fuligula)

lich der Mündung erstreckt. Hier finden Sie schöne Plätze zur Rast – auf den Wiesen des Strandbades oder im Biergarten des Strand-Imbiss, an dem Sie auch aus einer kleinen Getränke- und Speisekarte wählen können.

Bevor Sie wieder den Rückweg nach Prien antreten, haben Sie noch die Möglichkeit, sich den Rimstinger Steinlehrpfad entlang der Prien anzuschauen. Er führt mehrere Hundert Meter entlang der Prien, gibt Ihnen Einblicke in die spannende eiszeitliche Entstehungsgeschichte des Chiemgaus und ist sehr gut mit Informationstafeln ausgestattet.

Der Rückweg führt Sie zunächst wieder über die Prien und die Holzbrücke am Greamandlweiher auf der Trasse des Hinwegs. Bei den ersten Häusern biegen Sie jedoch nicht in die Siedlung ein, sondern folgen dem Weg in östlicher Richtung bis zum Chiemseeufer, das Sie dann bis Prien-Stock nicht mehr verlassen.

Kurz bevor Sie zum Ausgangspunkt zurückkommen, passieren Sie das Hotel Schlossblick, wo Sie die Tour mit einem Essen oder mit Kaffee, Tee und Süßem genussvoll beschließen können. Der Name verspricht durchaus nicht zu viel, der Blick über das Bayerische Meer ist herrlich.

TOUR 5.3
Von der Prienmündung nach Hochstätt

Rohrammer (Emberiza schoeniclus)

- *Tour entlang der Schafwaschener Bucht des Chiemsees ohne Steigungen von der Prienmündung nach Hochstätt*
- *Gepflegter Parkplatz an der Prienmündung (Strandbad Rimsting)*
- *6,8 km*
- *2 Stunden*
- *Mittlere Tour ohne Steigungen*
- *Die Tour eignet sich als Fuß- und Radwanderung*
- *Seecafé Toni in Hochstätt*
- *Schöne Plätze zum Rasten am Chiemsee und schöner Badeplatz im Strandbad Rimsting*

Der Ausgangspunkt der Tour befindet sich auf dem Parkplatz am Strandbad von Rimsting, auf dem Ihnen genügend schattige Stellplätze zu Verfügung stehen. Von hier führt der Weg in nördlicher Richtung durch einen besonders naturnahen Bereich des Chiemseeufers. Der Gang durch die Feuchtwiesen zeigt Ihnen, je nach Jahreszeit, viele Pflanzenarten feuchter Standorte und eine ausgesprochen lebendige Vogelwelt. Ob Sie die Stimme der Rohrammer, auch Rohrspatz genannt, aus dem Schilf hören oder den Ruf der Löffelente vom See, oft sind es seltene Tiere, die Ihnen sonst kaum begegnen. Für viele der am Chiemsee im Verlauf der letzten Jahrzehnte beobachteten etwa

Paar der Löffelente (Anas clypeata)

Seecafé Toni
siehe auch Seite 162

- *Café und Restaurant mit traumhaftem Blick auf den Chiemsee und die Chiemgauer Alpen*
- *Hochstätt 7*
  83253 Rimsting
  Tel. 0 80 54/5 77
- *Aktuell zu erfragen unter:*
  www.seecafe-toni.de
- *Normales Preisniveau*
- *Auf der Hälfte der Tour*
- *Aussichtsterrasse mit traumhaftem See- und Bergblick*

Schafwaschener Bucht (links) – Kailbacher Bucht (rechts)

310 Vogelarten stellen großräumige und naturnahe Seeuferbereiche, wie sie in der Schafwaschener Bucht vorhanden sind, wesentliche Lebensräume dar.

Auf dem ersten Teilstück der Tour wird Ihnen nur selten ein Radfahrer begegnen.

Bootshaus in der Schafwaschener Bucht

Hier hat die Gemeinde mit Erfolg Fußgänger und Radfahrer getrennt. In vielen Bereichen des Chiemsees stellt dies ein Problem dar, da die Radfahrer die ihnen angebotenen, oft nicht ganz seenahen Trassen ungern annehmen.

Weiter folgen Sie dem Chiemseerundweg immer in Richtung Breitbrunn. Am westlichen Ufer der Schafwaschener Bucht kommen Sie an einer Reihe von Bootshütten vorbei, die sich zum Teil malerisch integriert in das Ufer präsentieren. Es sind Bootshäuser, die hier schon lange stehen und von ihren Besitzern liebevoll erhalten werden. Heute ist es nicht mehr möglich, eine Genehmigung für ein neues Bootshaus am Chiemseeufer zu erhalten. Die verantwortlichen Genehmigungsbehörden bemühen sich, über den alten Bestand hinaus keine neue Bebauung in der freien Landschaft zuzulassen

und dadurch ihren Reiz und Wert zu erhalten.
Kurz nach dem Landungssteg der Schafwaschener Bucht führt der Weg am Seehof vorbei, ehe Sie auf die Straße nach Eßbaum stoßen. Ab hier verläuft der Chiemseeuferweg entlang der Straße in nordöstlicher Richtung. In der kleinen Siedlung Aiterbach biegen Sie rechts ab und bleiben auf dem Weg entlang der Straße bis nach Hochstätt. Von Hochstätt, das auf einer kleinen Anhöhe liegt, haben Sie einen der schönsten Ausblicke auf den Chiemsee und die Chiemgauer Alpen. Wir empfehlen Ihnen, in das hier an privilegierter Stelle gelegene Seecafé Toni einzukehren und sich bei einem Getränk oder einem Imbiss der Aussicht hinzugeben.
Von Hochstätt führt die Tour auf einem kleinen Pfad direkt zum Chiemseeufer und verläuft von hier auf dem Chiemseerundweg mitten durch intakte Feuchtwiesen in westlicher Richtung nach Aiterbach zurück. Auf dem weiteren Verlauf des Rückwegs kommen Sie in Höhe von Eßbaum an einem Parkplatz vorbei, der im Winter, wenn die Schafwaschener Bucht zugefroren ist, für Schlittschuhläufer und Eissportler Ausgangspunkt für das Vergnügen ist. Von hier gelangt man unmittelbar auf die Eisfläche, die bei Spiegeleis nichts zu wünschen übrig lässt. Dies ist jedoch nur an wenigen Tagen und auch nicht jedes Jahr der Fall.
Weiter führt der Rückweg der Tour in südliche Richtung. An der Prien angekommen, biegen Sie links in östlicher Richtung ab und gelangen nach wenigen Hundert Metern zum Ausgangspunkt. Entlang der Prien erwecken große Findlinge die Aufmerksamkeit. Es sind Exponate des Rimstinger Steinlehrpfades, der entlang der Prien angelegt worden ist und ihnen spannende Einblicke in die eiszeitliche Entstehungsgeschichte des Chiemgaus gibt. Die hier gezeigten Granite und Basalte stammen aus den Zentralalpen, aus denen das Eis des Inn-Gletschers stammte. Auch Umwandlungsgesteine wie Gneis, Glimmerschiefer, Quarzit und Amphibolit haben ihren Ursprung in den Zentralalpen. Für manche Ablagerungsgesteine aus den Kalk- oder den Voralpen konnte die Herkunft ziemlich genau lokalisiert werden. Die Findlinge haben alle ein Alter von vielen Millionen Jahren. Näheres über den Steinlehrpfad, der bis zur Prienmündung führt, erzählen Ihnen Informationstafeln.

Schafwaschener Bucht im Frühjahr mit Blick auf Rimsting und die Alpenkette

Zugefrorene Schafwaschener Bucht im Hochwinter

Ischler Achen & Kloster Seeon

Ein Biotopverbund und die Rettung eines alten Klosters

Der Lauf der Ischler Achen erschließt sich nicht auf den ersten Blick. Sie schlängelt sich vom Hartsee bis zur Alz auf einer Länge von gut 10 km durch wertvolle Biotope, die dem Freistaat Bayern als „Biotopverbund" besonders am Herzen liegen. Aufgrund seiner Naturausstattung zählt das Gebiet zu den wertvollen in Bayern. Man ist dabei, den einst durch Entwässerungsmaßnahmen und Moornutzung nicht immer gut behandelten Landstrich als „Biotopverbund Eggstätt-Hemhofer Seenplatte und Seeoner Seen" zu renaturieren und seine besonders wertvollen Lebensräume für Pflanzen und Tiere wirksam zu schützen.
Auch ein Neubeginn fand im Kloster Seeon statt. So wurde das zum Teil sehr heruntergekommene Kloster zu einer neuen Blüte geführt. Der Bezirk Oberbayern, eine Gebietskörperschaft des öffentlichen Rechts mit Sitz in München, hat die Ruine 1986 erworben und mit einem Kostenaufwand von etwa 30 Millionen Euro von Grund auf renoviert und das einzigartige Kulturdenkmal vor dem Untergang gerettet und einer sinnvollen Nutzung zugeführt. Ab 1993 konnte das Kultur- und Bildungszentrum des Bezirks Oberbayern eröffnet werden und hat sich bis heute schon durch sein umfangreiches Angebot an Bildungsveranstaltungen, Konzerten und Ausstellungen einen klangvollen Namen erworben.

Bachforelle (Salmo trutta fario)

TOUR 6.1
Von Eggstätt zum Eschenauer See

i	Tour mit wenigen Steigungen von Eggstätt zum Eschenauer See
Start	Parkplatz am Hartsee, Lehrer-Hager-Straße 6, 83125 Eggstätt
Länge	11 km
Dauer	3 Stunden
Profil	Leichte Tour mit wenig Steigungen
Wandern	Die Tour eignet sich als Fuß- und Radwanderung
Einkehr	Gaststätte Weißbräu in Bachham
!	Einzigartiger Blick von Eschenau auf das Panorama der Alpen

?	**Weißbräu Bachham** siehe auch Seite 164
i	Gasthof in ruhiger Ortslage mit ausgezeichneter Küche
Adresse	Bachham 6 83125 Eggstätt Tel. 08056/351
Öffnungszeiten	Aktuell zu erfragen unter: www.weissbraeu-bachham.de
€	Normales Preisniveau
Lage	Auf der zweiten Hälfte der Tour
!	Ausgezeichnete bodenständige und verfeinerte bayerische Küche, Fischspezialitäten

Der Ausgangspunkt der Tour befindet sich auf dem Parkplatz am Hartsee in Eggstätt. Von hier führt der Weg zunächst in östliche Richtung. Sie überqueren die Hauptstraße, biegen links ab und folgen dem Fußweg immer in nördlicher Richtung. Nach dem Ortsausgang von Eggstätt biegen Sie nach rechts ein und folgen der Straße bis zur Wöhrmühle, von der heute nur noch das Wohngebäude steht. Das Mühlengebäude selbst wurde vor einigen Jahren im Rahmen eines großen Naturschutzprojektes abgerissen. Ja, auch das gibt es. Um die Ischler Achen für Fische und andere Wassertiere wieder durchlässig zu machen, wurde das

Naturnaher Wasserbau an der Wöhrmühle bei Eggstätt

Mühlengebäude abgerissen und der Gewässerabschnitt um die ehemalige Mühle so renaturiert, dass sich Fische und andere Gewässertiere wieder ohne Barriere in der Achen bewegen können. Dies ist im Rahmen des Projektes „Biotopverbund Eggstätt-Hemhofer Seenplatte und Seeoner Seen" als Teil einer Reihe von Biotopentwicklungsmaßnahmen durchgeführt worden. Von der kleinen Brücke, die unterhalb der Wöhrmühle über die Ischler Achen führt, können Sie das Ergebnis betrachten. Hinter dem Projekt steht das Ziel, das vorhandene Netz von Lebensräumen zu erhalten und an vielen Stellen so zu entwickeln, dass es auf Dauer funktionstüchtig ist oder wird.

Der Biotopverbund ist für viele Tier- und Pflanzenarten überlebenswichtig und nur dann gegeben, wenn ein räumlicher Kontakt zwischen den Lebensräumen besteht. Damit dies gelingt, wirken Landwirte, Jäger und Fischer, der Landschaftspflegeverband und der Maschinenring, die Wasser- und Bodenverbände entlang der Ischler Achen und die zahlreichen Grundeigentümer mit. Zusammen mit den Vertretern der Naturschutzbehörden tragen

Rotfuchs (Vulpes vulpes) mit Beute für seine Jungen

sie zum Gelingen dieses Naturschutzprojekts bei.

Von hier folgen Sie dem Wanderweg immer in östlicher Richtung, bis Sie am Waldrand auf einen Wegweiser nach Meisham stoßen. Diesem folgen Sie durch den Wald bis Meisham, wo Sie am östlichen Ausgang der Siedlung auf die Straße nach Eschenau stoßen. Dieser folgen Sie, am kleinen schilfumgebenen Laubensee vorbei, über den Weiler Niederham bis nach Eschenau, das auf einer Höhe von 586 m über dem Meeresspiegel liegt. Von hier haben Sie eine fantastische Aussicht auf den Eschenauer See und das Panorama der österreichischen und bayerischen Berge.

Blick auf den Eschenauer See

Gelbe Teichrose (Nuphar lutea)

Kurz hinter dem Ortseingang von Eschenau folgen Sie einem Feldweg zum Eschenauer See. An der dort stehenden Fischerhütte befindet sich ein Uferabschnitt, der sich für eine kleine Rast vorzüglich eignet. Der Eschenauer See befindet sich in einem weitgehend naturnahen Zustand. Er wird lediglich von Fischern des Rosenheimer Fischereivereins hobbymäßig befischt. Auf dem Weg zum See oder am See kann es Ihnen gut passieren, dass Sie am gegenüberliegenden Ufer oder vielleicht sogar auf einer Wiese einen schneeweißen Reiher beobachten. Es handelt sich hier um den Silberreiher, der in den letzten Jahren neben dem heimischen Graureiher zunehmend an den oberbayerischen Seen beobachtet wird.

Von hier führt die Tour wieder zurück über Eschenau nach Niederham, wo Sie hinter dem ersten Bauernhof einem unbefestigten Feldweg in westlicher Richtung folgen. Er führt zuerst über freies Feld, dann am Waldrand entlang und schließlich durch den Wald, worauf er auf die Straße nach Meisham stößt. In Meisham biegen Sie nach dem Ortseingang bei der ersten Möglichkeit rechts ab und gelangen nach wenigen Hundert Metern in den kleinen Ort Bachham. Mitten im Ort, der nur aus wenigen Häusern besteht, stoßen Sie auf die Gaststätte Weißbräu, die wir Ihnen für eine Einkehr sehr empfehlen können.

Von Bachham führt ein schöner Feldweg in südlicher Richtung bis zur Hauptstraße, die Sie überqueren, um auf dem befestigten Wanderweg Richtung Eggstätt wieder zum Ausgangspunkt zu gelangen.

Silberreiher (Casmerodius albus) im Landeanflug

TOUR 6.2
Um das Kloster Seeon

Tour ohne Steigungen rund um den malerischen Klostersee

Besucherparkplatz am Kloster Seeon, Klosterweg 1, 83370 Seeon

4,3 km

1 Stunde

Leichte Tour fast ohne Steigungen

Die Tour eignet sich besonders als Fußwanderung

Zum Alten Wirt, Altenmarkter Straße 10, 83370 Seeon, Tel. 0 86 24/15 67, neben der Dorfkirche im Ortskern von Seeon

Viel Kultur und Natur auf kleinstem Raum

Kloster Seeon
Kultur- und Bildungszentrum des Bezirks Oberbayern

Aus dem um 994 n. Chr. gegründeten Benediktinerkloster entstand nach einer Generalsanierung ab 1986 das moderne Kultur- und Bildungszentrum des Bezirks Oberbayern

Klosterweg 1, 83370 Seeon, Tel. 0 86 24/89 7-0, www.kloster-seeon.de

Im Rahmen von Veranstaltungen zugänglich, www.kloster-seeon.de

Am Anfangspunkt der Tour

Umfangreiches Kulturangebot: Ausstellungen, Konzerte, Seminare, Tagungen

Zwergtaucher (Tachybaptus ruficollis) im Schlichtkleid

Der Ausgangspunkt der Tour befindet sich auf dem Besucherparkplatz des Klosters Seeon. Von hier umrunden Sie den Klostersee gegen den Uhrzeigersinn. Vom Ausgangspunkt führt der Weg zunächst einige Hundert Meter in südöstlicher Richtung entlang der Staatsstraße. Kurz hinter der Zufahrt zum Anwesen Scheitzenberg biegen Sie nach links in nordöstliche Richtung nach Seeon ab. Über die Siedlung Straß am Westufer des Klostersees erreichen Sie den Hauptort Seeon. Der Klostersee und seine Uferbereiche sind Teil des Naturschutzgebietes Seeoner Seen, das aus sieben Seen besteht und seit 1985 von der Regierung von Oberbayern ausgewiesen wurde. Es gehört zu den Juwelen der Chiemgauer Eiszerfallslandschaft. Es ist gut erschlossen und kann auf verschiedenen Wanderwegen besucht werden.

Am Westufer des Klostersees kommen Sie direkt am Strandbad von Seeon vorbei, das bei Badewetter zum Rasten einlädt. An der Kirche von Seeon finden Sie den Landgasthof Zum Alten Wirt, der zum Einkehren empfohlen werden kann. Er verfügt über einen schönen Biergarten und ist für seine bodenständige bayerische Küche bekannt.

Gegenüber dem Landgasthof führt der Rückweg in westlicher Richtung weiter am Seeufer des Klostersees entlang bis nach Bräuhausen, wo Sie schon von Weitem den Kirchturm der spätgotischen

Rauchhaus und Kirche in Seeon

Nebenkirche St. Maria sehen. Die Altäre und Figuren dieser Kirche, deren Besuch wir Ihnen empfehlen, stammen aus der Barockzeit.

Auch wenn die Möglichkeit besteht, von der Kirche St. Maria direkt über eine Fußgängerbrücke zum Kloster zu gelangen, empfehlen wir Ihnen, einen Umweg über „den Weinberg" zu nehmen. Hier kommen Sie an schmucken Häusern mit schönen Vorgärten vorbei und können den Blick zum Kloster aus unterschiedlichen Blickwinkeln genießen. Am Nordwestufer des Klostersees treffen Sie darüber hinaus noch auf einen sehr schönen Rastplatz, die Mozarteiche. Ob der geniale Musiker, wie man sich erzählt, hier anlässlich seiner Besuche im Kloster Seeon gesessen und im Schatten der Eiche komponiert hat, ist nicht sicher. Tatsache ist aber, dass es im Kloster Seeon noch die restaurierte Klaviatur gibt, auf der Mozart in der Klosterkirche bereits spielte.

In nur wenigen Gehminuten erreichen Sie einen weiteren geschichtsträchtigen Ort, die Nebenkirche St. Walburgis, die der heiligen Äbtissin Walburga von Eichstätt geweiht ist. Die Kirche diente ursprünglich dem hier vom 11. bis 13. Jahrhundert angesiedelten Benediktinerkonvent. Später wurde sie dann Spitalkirche und ab 1481 Pfarrkirche für das Kloster. Nach der Säkularisation ging die Kirche in den Besitz der russischen Adelsfamilie von Leuchtenberg

Blick auf das Nordufer des Seeoner Klostersees

über, der sie als Begräbnisstätte mit dem charakteristischen russisch-orthodoxen Ritus diente. Die an der Friedhofsmauer angebrachte Grabplatte mit der Aufschrift „Anastasia" weist auf die beigesetzte Urne der angeblichen Tochter des letzten Zaren hin. Die Kirche befindet sich seit 1969 im Besitz der Gemeinde Seeon-Seebruck. Sie ist täglich von 8:00 bis 19:00 Uhr geöffnet und zu besichtigen.

Als Schlussakkord dieser Tour empfehlen wir Ihnen, Kirche und Innenhöfe des altehrwürdigen Klosters zu besichtigen. Das Kloster Seeon wurde vor mehr als tausend Jahren durch den Pfalzgrafen Aribo gegründet und an die Benediktinermönche übergeben. Mehrere Jahrhunderte lang war es ein pulsierendes Zentrum des Klosterlebens, auf halbem Weg zwischen Salzburg und Freising gelegen. Im Zuge der Säkularisation wurde das Kloster schließlich im Jahr 1803 aufgelöst. Heute setzt es als Kultur- und Bildungszentrum des Bezirks Oberbayern mit Tagungen, Konzerten und Ausstellungen neue kulturelle Akzente.

Skulptur des Seeoner Künstlers Heinrich Kirchner

Schneerose oder Christrose (Helleborus niger)

Große Sonnenröschen-Bläulinge (Aricia artaxerxes)

Bei Badewetter empfehlen wir Ihnen, den nahen Griessee aufzusuchen. Sie erreichen ihn mit dem Auto auf dem Weg von Kloster Seeon nach Obing in wenigen Minuten. Er ist ein Moorsee von etwa 9 ha Größe, der wegen seines warmen, weichen Moorwassers immer wieder viele Erholungssuchende und Badegäste anzieht. Sie finden hier Parkplätze, eine große Liegewiese, Stege und einen Kiosk. Ein idealer Badesee inmitten der Natur.

TOUR 6.3 Von Roitham nach Ischl

Hausglocke in Roitham

Der Ausgangspunkt befindet sich im Almweg an der höchsten Stelle von Roitham, einer Stelle mit wunderbarem Bergblick. Von hier führt die Tour in südlicher Richtung hinunter zur Ischler Achen. Sie biegen nach der Brücke rechts ab und erreichen nach knapp einem Kilometer das Rehwinkelholz, ein kleines Waldgebiet südlich von Roitham.

Wer kommt denn da?

Tour mit geringen Steigungen von Roitham entlang der Ischler Achen bis nach Ischl und zurück

Almweg, 83370 Seeon-Roitham

6,1 km

2 Stunden

Leichte Tour fast ohne Steigungen

Die Tour eignet sich als Fuß- und Radwanderung

Gaststätte Zum Alten Wirt in Seeon

Malerischer kleiner Ort Ischl an der Alz

Zum Alten Wirt

Traditionsgasthof in historischen Räumlichkeiten mit schönem Biergarten, im Ortskern des nahen Seeon, neben der Dorfkirche, etwa 3 km vom Ausgangspunkt der Tour entfernt

Altenmarkter Straße 10
83370 Seeon,
Tel. 086 24/15 67

Aktuell abzurufen unter:
www.zum-alten-wirt-seeon.de

Normales Preisniveau

Nach der Tour

Traditionelle und verfeinerte bayerische Küche

Nach neuesten archäologischen Forschungen gehörte das gesamte Waldgebiet des Fürmoos- und Rehwinkelholzes zu einer einstmals zusammenhängenden, weit ausgedehnten Hochäckerkultur. Der Begriff „Hochäcker" hat nichts mit der hohen Lage eines Ackers zu tun. Man versteht darunter vielmehr ein Feld, das nicht aus schmalen Reihen und Furchen besteht, sondern aus mehreren erhöhten Ackerbeeten, die, getrennt durch breitere Furchen, nebeneinander liegen. Diese Beete sind in der Regel von gleicher Länge und Breite und in der Mitte stärker erhöht. Bahn neben Bahn, auf einer Fläche von weit über 50 ha, dienten

Honigbiene besucht den Blaustern (Scilla spec.)

sie vermutlich dem Getreide- und Feldfruchtanbau.

Welch gewaltige Arbeitsleistung war notwendig, um dieses Gebiet zu roden, den Wurzelbestand zu entfernen, auf dem anmoorigen Boden Kies oder Lehm abzulagern und darauf Ackererde aufzuschichten und zu pflügen. In zahlreichen Ortschaften zeugen auch heute noch Straßennamen wie „An den Hochäckern" von der mühevollen Arbeitswelt unserer Vorfahren. Auf freier Flur sind Hochäcker

Hermelin oder Großes Wiesel (Mustela erminea) im Sommerfell

natürlicherweise stark eingeebnet, in Waldstücken jedoch, wo der Boden normalerweise nicht bearbeitet wird, sind diese langen Erdwälle gut sichtbar anzutreffen. Sie erreichen hier eine Länge von weit über 100 m, eine Breite von 5 bis 8 m und eine Höhe von bis zu 1 m.

Im Rehwinkelholz erreichen Sie eine Wegkreuzung, an der Sie nach links in Richtung Ischl abbiegen. Dann überqueren Sie die Staatsstraße zwischen Kloster Seeon und Seebruck und wandern entlang des Weilers Heimhilgen auf Ischl zu. Die Tour führt in diesem Abschnitt durch die freie Landschaft, die hier intensiv landwirtschaftlich genutzt, aber doch voller Leben ist. Wundern Sie sich nicht, wenn Ihnen plötzlich ein Großes Wiesel über den Weg läuft oder Sie einen Turmfalken bei der Mäusejagd beobachten können.

Nach etwa einem Kilometer erreichen Sie den kleinen Ort Ischl, durch den die Ischler Achen fließt und nach gut 200 Metern in die Alz mündet. Ischl ist ein uralter Siedlungsplatz mit Funden aus prähistorischer und frühgeschichtlicher Zeit. Die Kelten haben ihm den Namen gegeben, wie auch der Achen, jenem wasserreichen Bach, der seit Urzeiten die weit ausgedehnten nördlichen Chiemseemöser entwässert und seinen Ursprung im Hartsee hat, dem größten See der Eggstätt-Hemhofer Seenplatte. In der Römerzeit dürfte die Straße, die von Seebruck (Bedaium) nach Norden Richtung Regensburg (Castra Regina) führte, hier die Achen überquert haben.

Bevor Sie Ischl verlassen, ist ein Besuch der kleinen Dorfkirche mit ihrem zwiebelbesetzten Dachreiter sehr lohnenswert. Sie ist eine Filialkirche des einstmaligen Klosters Seeon. Das Patronizium St. Martin weist in die karolingische Zeit zurück. Das Kirchlein dürfte als frühe Gründung einer christlichen Pfarrstelle für das umliegende Bauernland anzusehen sein. Von der spätgotischen Ausstattung ist nur noch die Muttergottes mit Kind im barocken Hochaltar erhalten, die dem berühmten Meister von Rabenden zugeschrieben wird.

Der Rückweg führt von Ischl unmittelbar am nördlichen Ufer der Ischler Achen über den Weiler Leiten bis nach Maisham, wo wir entlang des Waldrandes wandern und schließlich auf die Staatsstraße stoßen. Nachdem wir dort angekommen sind, führt die Tour ein kleines Stück entlang der Staatsstraße, bis wir nach etwa 500 m die Einfahrt nach Roitham und am Almweg unseren Ausgangspunkt erreichen.

Zauneidechse (Lacerta agilis)

Dorfkirche von Ischl

Eggstätt-Hemhofer Seenplatte

In einem europaweit bedeutenden Schutzgebiet unterwegs

Die Eggstätt-Hemhofer Seenplatte, in die diese Touren führen, gehört mit ihren zehn Seen zu den Kronjuwelen der Natur im Freistaat Bayern. Inzwischen geadelt mit dem EU-Prädikat „Natura 2000", ist diese einzigartige Landschaft Teil eines der europaweit wichtigsten Schutzgebiets-Netze. Das Naturschutzgebiet Eggstätt-Hemhofer Seenplatte, eines der ältesten Bayerns, konnte 2014 seinen 75. Geburtstag feiern. Zusammen mit den Seeoner Seen und den Osterseen gehört es zu den drei herausragenden „Eiszerfallslandschaften" des Freistaats. Das durch die Gletscher der letzten Eiszeit geschaffene Oberflächenrelief hat mit den zahlreichen Moränenhügeln, Toteislöchern und idyllisch darin eingebetteten Seen eine Landschaft von ganz besonderer Schönheit entstehen lassen. In den Kernbereichen zeigt sich das Naturschutzgebiet in einem ursprünglichen Zustand wie vor mehreren Tausend Jahren. Begegnungen mit lebenden Eiszeitrelikten wie dem Hochmoor-Perlmuttfalter oder der Zierlichen Moosjungfer – einer Libellenart, die heute vom Aussterben bedroht ist und bayernweit nur mehr an wenigen Seen nördlich des Chiemsees zu finden ist – sind möglich.

TOUR 7.1 Von Hartmannsberg um Kessel- und Schlosssee

Der Ausgangspunkt der Tour befindet sich auf dem Parkplatz östlich von Hartmannsberg unmittelbar an der Staatsstraße zwischen Seebruck und Bad Endorf. Von hier führt der Weg zunächst in nördlicher, dann in nordöstlicher Richtung am Rande eines markanten Hügels, auf dem ein weithin sichtbarer Bauernhof steht. Am Beginn des Weges weisen Sie das offizielle Naturschutzgebiets-Schild und eine große Informationstafel darauf hin, dass Sie sich im Naturschutzgebiet Eggstätt-Hemhofer Seenplatte befinden.

Dieses Naturschutzgebiet, das bereits 1939 ausgewiesen worden und inzwischen auch Teil des europaweiten Schutzgebiets-Netzes „Natura 2000" ist, besteht aus zehn Seen, die mit ihren einzigartigen Verlandungszonen in zahlreiche Moore und Wälder eingebettet sind. Fachleute sprechen auch von einer Eiszerfallslandschaft, wie es sie in dieser Ausprägung nur noch im Gebiet der Seeoner Seen und der Osterseen gibt. Die Seen sind durch das Abschmelzen der letzten Gletscherreste entstanden und bilden zusammen mit zahlreichen Moränenhügeln und Mooren eine Landschaft von ganz besonderem Reiz. Die offenen Wasserflächen, Schwimmblatt- und Verlandungszonen,

Blick über den Schlosssee auf Stephanskirchen

Tour mit geringen Steigungen um Kessel- und Schlosssee über Stephanskirchen und Hemhof

Parkplatz an der Staatsstraße östlich von Hartmannsberg

4,4 km

1 Stunde

Leichte Tour mit geringen Steigungen

Die Tour eignet sich vor allem als Fußwanderung

Besuch der im neugotischen Baustil 1897 errichteten Kirche in Stephanskirchen (Hemhof) empfehlenswert

Schloss Hartmannsberg

Direkt am Schlosssee gelegenes Schloss, das vermutlich während der Ungarn-Einfälle zwischen 900 und 955 als Fluchtburg errichtet worden ist. Seit 1994 befindet sich das Schloss im Besitz des Landkreises Rosenheim, der es als Kulturstätte betreibt

Hartmannsberg, 83093 Bad Endorf, www.lkr-kultur.de

Nicht regelmäßig geöffnet

Am Ende der Tour

Ausstellungen und Kammerkonzerte

Paar des seltenen Zwergsägers (Mergellus albellus)

Tümpel, Bäche und Auen, Moorinseln und lichte Wälder ergeben ein höchst wertvolles Mosaik aus unterschiedlichen Lebensräumen für zahlreiche Tiere und Pflanzen. Seltene Vogelarten wie der Zwergsäger finden hier ebenso ihren Lebensraum wie eine große Vielfalt von Amphibien, Reptilien und Fischen.

Auch zahlreiche Arten aus der Welt der Schmetterlinge, Spinnen und Libellen wurden bereits hier nachgewiesen. So haben Spezialisten allein vierzig verschiedene Libellenarten gefunden. Darunter auch sehr seltene Spezies wie die Zierliche Moosjungfer, eine Libellenart, die bereits auf der Liste der vom Aussterben bedrohten Tierarten zu finden ist.

Paar der Erdkröte (Bufo bufo-Komplex) vor dem Ablaichen

Frühlingsbesuch auf dem Leberblümchen (Anemone hepatica)

Der Wanderweg führt Sie unmittelbar am Ostufer des Kesselsees vorbei. Kreisrund und die tiefste Stelle genau in der Mitte –

so entspricht der Kesselsee fast dem Idealbild eines Toteissees. Vermutlich bildet er den Restsee einer bereits verlandeten Seitenbucht des Schlosssees.

Vom Kesselsee erreichen Sie nach etwa 600 m eine Wegespinne, bei der Sie links in nordwestliche Richtung abbiegen. Der wunderschöne Weg führt Sie weiter vorbei am Kautsee, und schließlich erreichen Sie eine kleine Brücke, die über einen kleinen Verbindungsbach zwischen Schlosssee und Kautsee führt.

Von dieser Brücke können Sie im Frühjahr und Sommer im glasklaren Wasser Hunderte von kleinen Fischen beobachten, meist Rotfedern, Rotaugen und kleine Flussbarsche. Schauen und beobachten Sie. So kann es leicht sein, dass eine Raubspinne, wie beispielsweise die Gerandete Jagdspinne, vor Ihren Augen eine Libelle erbeutet.

Etwa 100 m nach der Brücke führt der Weg nach links in Richtung Stephanskirchen. Sie folgen den Wegweisern und gelangen schließlich in das kleine Dorf auf seiner markanten Anhöhe mit einer wunderschönen Aussicht, die bis zur Alpenkette reicht. Stephanskirchen, dessen Maierhof bereits 1120 urkundlich erwähnt wurde, gehört zur Gemeinde Bad Endorf. Einen Besuch der gepflegten Kirche können wir Ihnen sehr empfehlen. Sie wurde 1897 im neugotischen Stil erbaut, während des Zweiten Weltkrieges größtenteils zerstört und danach wiedererrichtet.

Von Stephanskirchen erreichen Sie Hemhof auf einem gepflegten Wanderweg entlang der Verbindungsstraße zwischen beiden Orten.

Nach Hartmannsberg, dem Ausgangspunkt der Tour, gelangen Sie, wenn Sie von Hemhof in westlicher Richtung bis zur Staatsstraße gehen und hier dem Wanderweg entlang der Straße folgen, bis Sie den

Gerandete Jagdspinne (Dolomedes fimbriatus) mit Beute

Parkplatz erreichen. Auf diesem Wegstück gelangen Sie, kurz vor dem Endpunkt der Tour, unmittelbar zum Schloss Hartmannsberg, das Sie besuchen sollten. Ob es im Rahmen einer Veranstaltung oder einer Ausstellung geöffnet hat, erfahren Sie über die in der Textbox genannte Internetadresse. Sollte es geschlossen seien, ist dennoch ein kurzer Besuch der kleinen Parkanlage nördlich des Schlossgebäudes, unmittelbar am Schlossseeufer, zu empfehlen.

Schloss Hartmannsberg am Schlosssee

TOUR 7.2 Von Eggstätt durch das Herz der Seenplatte

Tour mit geringen Steigungen in das Naturschutzgebiet Eggstätt-Hemhofer Seenplatte, eines der ältesten Naturschutzgebiete Bayerns – entlang einmaliger Naturseen und Moore

Parkplatz am Hartsee, Lehrer-Hager-Straße 6, 83125 Eggstätt

8,6 km

2 Stunden

Mittlere Tour mit geringen Steigungen

Die Tour eignet sich als Fuß- und Radwanderung

Hartseestüberl, am Ende der Tour, Lehrer-Hager-Straße 6, 83125 Eggstätt, Tel. 08056/1097

Sehr schöne Bademöglichkeit am Hartsee am Ende der Tour

Der Feuersalamander (Salamandra salamandra) liebt es feucht

Kleiner Fuchs (Aglais urticae) besucht den Echten Seidelbast (Daphne mezereum)

Der Ausgangspunkt der Tour befindet sich auf dem Parkplatz am Hartsee in Eggstätt. Von hier führt der Weg zunächst am Hartsee entlang in südlicher Richtung. Der Hartsee ist mit fast 40 m der tiefste aller Seen des Naturschutzgebietes Eggstätt-Hemhofer Seenplatte. Er ist auch das letzte Glied der Wanderung des Wassers innerhalb der Seenplatte und besitzt als einziger See einen oberirdischen Ablauf in die Ischler Achen, die hier ihren Ursprung hat. Das Ufer des Hartsees ist sehr naturnah geprägt. Fast am gesamten Ufer befindet sich ein Schilfgürtel mit ganz unterschiedlich ausgeprägten Verlandungszonen. Der Hartsee wird im Gegensatz zu den anderen kleinen Seen auch zum Baden, Angeln und Bootfahren genutzt. Bei Badewetter ist eine Rast am Hartsee sehr zu empfehlen.

Mit fast 9 km Länge gehört die Tour zu den mittelgroßen Touren dieses Führers. Sie eignet sich ganz besonders an Hitzetagen, da sie auf dem größten Teil der Strecke unter Schatten spendenden Waldbäumen verläuft. Innerhalb des Naturschutzgebietes, zu dem der größte Teil der Tour gehört, gilt ein Wegegebot. Das heißt, dass Sie auf den Wegen bleiben müssen und zum Baden nur die Stellen aufsuchen dürfen, die als solche ausgewiesen sind. Dies dient dem Schutz der einzigartigen Tier- und Pflanzenwelt in diesem Gebiet. Viele der hier vorkommenden Tierarten, wie zum Beispiel der Feuersalamander, werden Sie nur ausnahmsweise zu Gesicht bekommen. Sollten Sie einmal das Glück haben, beobachten Sie einfach und genießen Sie den Augenblick. Das Wasser des Hartsees hat, wie das aller Seen des Naturschutzgebietes, Trinkwasserqualität.

Am südlichen Ende des Hartsees erreichen Sie eine Wegespinne, bei der Sie nach rechts abbiegen und immer auf dem Weg bleiben, der entlang des Hartseeufers verläuft. Im Frühjahr treffen Sie hier auf den seltenen Seidelbast und die üppigen Blüteninseln des Buschwindröschens. Nach etwa einem Kilometer erreichen Sie eine kleine Brücke, die über einen Bach zwischen Hartsee im Osten und Kautsee im Westen führt. Nach Westen öffnet sich der Blick zum Kautsee, der im Zentrum des Naturschutzgebiets liegt. Wegen seiner dreilappigen Oberflächengestalt lässt er sich vom Wanderweg nie in seiner vollen Ausdehnung bewundern. Erst aus der Luft ist erkennbar, wie seine Ufer von

Buschwindröschen (Anemone nemorosa)

Blick über den Hartsee auf die Pfarrkirche von Eggstätt

Gimpel (Pyrrhula pyrrhula) – kein alltäglicher Anblick

wertvollen Moorbereichen und bewaldeten Moränenhügeln umgeben sind. Heute bestehen nur mehr seichte Verbindungen zwischen den drei Seebecken, die durch die fortschreitenden Verlandungsprozesse immer mehr geschlossen werden.

Nach etwa einem Kilometer folgen Sie dem Wegweiser in Richtung Pelham. Der Weg, der genau in westlicher Richtung verläuft, führt bis zum Weiler Gaben südlich des Pelhamer Sees. Der fast kreisrunde, flache See ist der nördlichste des Naturschutzgebietes und kann direkt bei Pelham an seinem Westufer zum Baden genutzt werden. Er ist untergliedert in einen nur 5 m tiefen Bereich am Nordrand und ein Hauptbecken mit bis zu 21 m Tiefe. Den Pelhamer See umgibt ein breiter Gürtel aus Schilfflächen, vielgestaltigen Verlandungszonen und naturnahen Streuwiesen. Weil entlang seiner Zuflüsse intensive landwirtschaftliche Nutzung betrieben wird und die ausgebrachten Düngemittel über die Gräben in den See eingetragen werden, weist er den höchsten Nährstoffgehalt innerhalb der Seenplatte auf.

Im Weiler Gaben biegen Sie nach links ab und folgen dem Weg in Richtung Stephanskirchen bis zum südwestlichen Waldeck des Kirchholzes. Hier gehen Sie erneut links und folgen zunächst am Waldrand immer den Wegweisern in Richtung Eggstätt. Nach etwa einem Kilometer passieren Sie eine kleine Brücke, die über den Verbindungsbach zwischen Schlosssee und Kautsee führt. Diesem Weg folgen Sie weiter entlang des Südufers des Kautsees und entlang des Einbessees, bis Sie wieder auf die Wegespinne am Südufer des Hartsees stoßen. Der Einbessee gehört wie Stettner See und Thaler See zu den kleineren Seen der Seenplatte. Auch sie bieten seltenen Pflanzen und Tieren wertvolle Lebensräume.

Von der Wegespinne führt die Tour wieder in nördliche Richtung entlang des Hartsee-Westufers bis zum Ausgangspunkt am Parkplatz des Hartseestüberls.

Männchen des Bergmolchs (Ichthyosaura alpestris)

TOUR 7.3
Eine Kutschfahrt zum Pelhamer See

Kutschfahrt vor Chiemgauer Bergkulisse

Kutschfahrt mit Warmblutpferden östlich der Eggstätt-Hemhofer Seenplatte durch Wälder und Wiesen entlang eines einmaligen Natursees, kleiner Weiler und Moore

Hof von Bartholomäus Mitterer Straß 2, 83129 Höslwang

12,4 km

2,5 Stunden

Hotel-Restaurant Seeblick am Pelhamer See

Anbieter von Kutschfahrten in der Umgebung (Auswahl):
Bartholomäus Mitterer, Tel. 0 80 53/17 58;
Martin Kurzlechner, Tel. 01 62/20 37 77 67

Hotel-Restaurant Seeblick

Direkt am Pelhamer See gelegenes Hotel-Restaurant mit Tagesrestaurant, schönem Badeplatz und benachbartem Hochseilgarten

Pelham am See 4,
83093 Bad Endorf im Chiemgau,
Tel. 0 80 53/3 09-0

www.hotel-seeblick-pelham.de

Mittleres Preisniveau

Auf der Hälfte der Tour

Umfassendes Kultur-, Freizeit-, Wellness- und Gesundheitsprogramm in sehr guter Lage

Rund um den Chiemsee gibt es mehrere Anbieter von Kutschfahrten. Wir beschreiben Ihnen hier eine äußerst reizvolle Tour mit dem erfahrenen Kutscher Bartholomäus Mitterer. Der Ausgangspunkt befindet sich auf Mitterers Hof in Straß. Sie erreichen den Hof auf der Straße von Bad Endorf nach Höslwang südlich der kleinen Ortschaft Siegsdorf, etwa 2 km von Bad Endorf entfernt. Als Kutsche dient ein historischer Landauer, der unter Kennern unzweifelhaft als einer der geeignetsten Wagen zum Spazierenfahren gilt. Der Vorzug des Landauers ist, dass er bei jedem Wetter eine angenehme Fahrt ermöglicht. Landauer wurden früher zunächst als Reisewagen, später auch als repräsentative Staatskarossen verwendet. Ab etwa 1850 wurden sie dann zu beliebten Familienfahrzeugen des begüterten Bürgertums, denn durch das aufklappbare Verdeck verbinden sie alle Annehmlichkeiten eines offenen Sommerwagens mit dem behaglichen Komfort eines geschlossenen Wagens bei Einsetzen von Regen.

Gezogen wird das äußerst bequeme Gefährt von zwei stolzen Warmblutpferden, die von Mitterer selbst eingefahren, das heißt ausgebildet, worden sind. Die Ausbildung der Pferde an der Kutsche erfordert große Erfahrung, die Herr Mitterer aufgrund seines jahrzehntelangen Umgangs mit den Kutschpferden auf der

Turmfalke (Falco tinnunculus) im Landeanflug

Herreninsel im Chiemsee mitbringt. Die Fahrt führt ausschließlich durch die freie Landschaft, durch Felder und Wiesen, Wälder und Moore. Aus dem bequemen Landauer lassen sich vielfältige Naturbeobachtungen machen: Sie sehen vielleicht den Turmfalken auf der Jagd oder den kleinen Trupp Stieglitze im Baum am Wegesrand. Von Herrn Mitterer erfahren Sie – wenn sie es wünschen –, wo Sie sich gerade befinden, oder Wissenswertes über die Landschaft, Land und Leute. Von Straß führt die Tour über Edenstraß, am Weiler Eßbaum vorbei, immer in östlicher Richtung. Auf der Hälfte der Strecke erreichen Sie den Pelhamer See, den nördlichsten See des Naturschutzgebietes Eggstätt-Hemhofer Seenplatte. Sobald Sie das Kirchholz nördlich von Stephanskirchen erreicht haben,

Im bequemen Landauer unterwegs – im Hintergrund die Pfarrkirche St. Nikolaus in Höslwang

Stieglitz (Carduelis carduelis) – einer unserer prächtigsten Finkenvögel

führt die Fahrt nach einer Schleife um den Weiler Gaben nach Pelham, wo Sie – wenn sie es wünschen – im Hotel-Restaurant Seeblick direkt am Pelhamer See komfortabel einkehren können.
Von hier geht es dann weiter in nördliche Richtung immer vorbei am Westufer des

Junger Rehbock im Fellwechsel

Pelhamer Sees, den Sie in Höhe von Wimpersing, wieder in westliche Richtung fahrend, verlassen. Im Norden leuchtet Ihnen von Weitem die sehr auffällige Pfarrkirche von Höslwang entgegen. Sie gehört in die Reihe der im altbayerischen Raum zahlreichen Bauten der Spätgotik, deren heutige Erscheinung durch die künstlerische Schaffensfreude des 18. Jahrhunderts geprägt wurde. Wenn Sie nach der Kutschfahrt noch Lust und Zeit haben, können wir Ihnen den Besuch dieser Kirche sehr empfehlen. Die elegante und formenreiche, durch den bewussten Verzicht auf Malerei besonders wirkungsvolle Stuckdekoration von 1734 gehört ebenso wie die vornehmen, formvollendeten Spätrokokoaltäre mit ihren bewegten, ausdrucksstarken Statuen von der Meisterhand Johann Georg Lindts (1764–77), des führenden Bildhauers des späten Rokoko in Ostoberbayern, zum Besten, was der Chiemgau an Kunstschöpfungen des 18. Jahrhunderts besitzt. Abgesehen davon, dass die Kirche auf einem der schönsten Aussichtspunkte des nördlichen Chiemgaus steht.

Auf einem ruhigen Feldweg geht die Fahrt weiter entlang von Feldern und Wiesen, durch ein Waldgebiet bis zur kleinen Ortschaft Almertsham. Es ist gut möglich, dass Ihnen auf dieser Kutschfahrt Wild begegnet. So kommt es nicht selten vor, dass plötzlich ein Reh vor Ihnen steht, um im nächsten Augenblick wieder im Gebüsch zu verschwinden. In den letzten Jahrzehnten gab es große Bemühungen der Waldbesitzer, reine Fichtenwälder wieder in standortgerechte Laubmischwälder umzubauen. Es war daher notwendig geworden, die einst sehr hohen Wildbestände zu reduzieren, um ein Aufwachsen der verschiedenen Laubbaumarten und der Weißtanne zu ermöglichen.

Am Ortsrand von Almertsham führt die Kutschfahrt dann wieder in südlicher Richtung auf der Straße nach Teisenham vorbei am Weiler Arxtham, bis Sie bei Eßbaum auf das Anfangsstück der Route treffen. Von hier erreichen Sie in weniger als einer halben Stunde wieder Straß, den Ausgangspunkt der Kutschfahrt.

Pfarrkirche von Höslwang aus der Vogelperspektive

Die obere Alz

Wo der Chiemsee wegfließt

Die obere Alz, der einzige Abfluss des Chiemsees, ist ein naturnahes Fließgewässer, wie man es ganz selten findet. Ein unregulierter Verlauf, dichte und natürliche Ufervegetation, fast keine ufernahe Bebauung und eine ausgezeichnete Wasserqualität geben der Alz etwas Paradiesisches. Nur wenige Flüsse können mit so vielen, weitgehend intakten Lebensräumen für Pflanzen und Tiere aufwarten. Davon zeugt der Gesang des Drosselrohrsängers genauso wie die respektablen Vorkommen von Schied, Waller oder Flusskrebs unter Wasser.
Dem kundigen Beobachter erschließt sich dieser besondere Fluss nach jedem Besuch immer mehr. Die drei Touren versuchen Ihnen die Alz zu Wasser und zu Land näherzubringen – immer mit dem Wissen, Ihnen dabei nur einen kleinen Teil der Alz-Geschichte erzählt zu haben.

Alzauslauf in Seebruck

TOUR 8.1
Von Seebruck nach Truchtlaching

Mittelgroße Tour entlang der Alz über das Keltendorf Stöffling nach Truchtlaching und über Ischl zurück

Parkplatz am Ortseingang von Seebruck (von Chieming/Traunstein kommend)

11,4 km

2,5 Stunden

Tour mit wenigen, geringen Steigungen

Die Tour eignet sich als Fuß- und Radwanderung

Ristorante Ciao Ciao (Gasthof zur Post) in Truchtlaching, Tel. 0 86 67/87 94 96-6

Bademöglichkeiten in der Alz: im Flussbad Truchtlaching

Römermuseum Bedaium

Mitten in Seebruck gelegenes Museum mit einem archäologischen Rundweg

Heimat- und Geschichtsverein Bedaium in Seebruck e. V., Römerstraße 3, 83358 Seebruck am Chiemsee, Tel. 0 86 67/75 03, http://roemermuseum-bedaium.byseum.de

Von Mitte Februar bis Mitte November Dienstag bis Samstag 10:00 bis 12:00 und 14:00 bis 16:00 Uhr (Anfang Juni bis Mitte September durchgehend), Sonntag und Feiertag 14:00 bis 16:00 Uhr, Montag geschlossen

Am Ende der Tour

Außenstationen auf einem 27 km langen archäologischen Rundweg

Die erste Tour am Oberlauf der Alz beginnt am großen Parkplatz am östlichen Ortsausgang von Seebruck. Von hier führt der Weg zunächst am Ufer des Chiemsees bis zur Abzweigung der Straße nach Truchtlaching, der Sie zunächst etwa einen Kilometer folgen. Am Wegweiser nach Stöffling biegen Sie nach links ab und folgen der Straße bis zum „Keltendorf" hinter dem Weiler Stöffling. Es ist die Station 3 des archäologischen Rundwegs des Römermuseums Seebruck. Es handelt sich um den „Gerstenpoint", auf einem der vielen Moränenkuppen gelegen, die das Landschaftsbild am Chiemsee prägen.
Die flache, in Ost-West-Richtung verlaufende Erhebung ist seit langer Zeit bäuerlicher Ackerboden, während an die südliche und nördliche Hangseite feuchte Wiesen grenzen. Drainagearbeiten erbrachten in den

Keltengehöft in Stöffling bei Seebruck

Jahren 1966 und 1967 erste Hinweise auf eine ausgedehnte, Latène-zeitliche Siedlungsschichte, aus der hauptsächlich Graphittonkeramik und Tierknochen zutage kamen. Die Oberflächenbefunde belegen eine Besiedlung des „Gerstenpoints" bereits während der frühen Urnenfelderzeit. Eine Reihe von Funden lässt nach Ansicht der Forscher Rückschlüsse auf eine Ausdehnung der keltischen Siedlung von etwa 400 m Länge und 150 m Breite zu. Mehr als 350 keltische Münzen aus Gold, Silber und anderen Metallen deuten auf eine Entstehung der keltischen Siedlung bereits um die Mitte des 3. Jahrhundert v. Chr. hin.

In einem frühgeschichtlichen Gehöft, bestehend aus vier Gebäuden – Wohnhaus, Stall, Lagergebäude und Werkstatt – soll das Leben der keltischen Vorfahren plastisch und praktisch erlebbar werden. Ziel der Anlage ist es auch, eine frühe menschliche Ansiedlung möglichst realistisch darzustellen. Weitere Einzelheiten zum Stand der archäologischen Forschungen werden auf Informationstafeln vor Ort anschaulich erklärt.

Vom Keltendorf Stöffling führt die Tour weiter in nördliche Richtung bis nach Truchtlaching, dem ersten großen Dorf am Oberlauf der Alz. Ein Besuch der Kirche kann hier empfohlen werden. Der spätgotische Bau aus der ersten Häfte des 15. Jahrhunderts, der Johannes dem Täufer geweiht ist, hatte vermutlich einen romanischen Vorgänger. Die urkundliche Erwähnung der ersten Kirche am Ort bereits 788 deutet darauf hin. Den Überlieferungen nach war sie eine Eigenkirche der Ritter von Truchtlaching. Einige gut erhaltene Grabsteine dieses Geschlechts sind in der Kirche aufbewahrt.

Angelfreude an der Alz in Truchtlaching

Im Ort überqueren wir die Alzbrücke und halten uns danach immer links. Auf dem ausgebauten Wanderweg führt die Tour über die kleine Siedlung Döging entlang der Straße nach Seeon. Hinter dem ersten Waldstück biegen wir direkt am Waldrand nach links ab und folgen dem Waldweg immer in südwestlicher Richtung. Vom Waldrand, den wir nach etwa 500 m erreichen, haben wir einen wunderschönen Blick auf den Bifuß, eine völlig naturbelassene Insel mitten in der Alz. Beim Anblick dieser Flusslandschaft können Sie sich vorstellen, das die Alz einer Vielzahl von Pflanzen und Tieren wertvolle Lebensräume bietet. Hier hat nicht nur der Eisvogel sein Revier, sondern auch zahlreiche Wasserinsekten, wie etwa die braune Mosaikjungfer und zahlreiche andere Wildtiere.

Von hier gehen wir weiter, bis wir auf die Straße nach Ischl und Seebruck stoßen. An der Straße biegen wir nach links ab und folgen ihr immer in südliche Richtung. In dem kleinen Dorf Ischl ist der Besuch der kleinen, aber sehr feinen Dorfkirche mit ihrem zwiebelbesetzten Dachreiter zu empfehlen.

Der Weg zurück nach Seebruck führt durch die abwechslungsreiche Kulturlandschaft mit Feldern und Wiesen und immer wieder schönen Blicken auf die

Alz an der Flussinsel Bifuß

Alz. Auf der Hälfte dieses Wegabschnitts passieren Sie Pullach, einen malerisch an einer Schleife der Alz gelegenen Weiler mit wenigen Häusern. Von Pullach erreichen Sie Seebruck nach etwa 1,5 km. In Seebruck empfehlen wir Ihnen, das Römermuseum Bedaium in der Römerstraße 3 im Ortskern zu besuchen.
Das letzte Stück des Rückwegs führt entlang des Chiemsees auf der sehr schönen ausgebauten Strandpromenade, von der Sie eine herrliche Aussicht auf den See und die dahinterliegenden Berge der Chiemgauer Alpen genießen können.

Eisvogel (Alcedo atthis) auf seiner Ansitzwarte

Die sommerwarme Alz ist ein Libellenparadies

TOUR 8.2 Von Truchtlaching zum Kloster Baumburg

Die zweite Tour am Oberlauf der Alz beginnt am Parkplatz an der Straße nach Traunreut im Ortskern von Truchtlaching. Von hier führt die Route zunächst auf dieser Straße bis zum kleinen Ort Pattenham, wo Sie in nördliche Richtung abbiegen. Weiter führt der Weg, die Straße von Truchtlaching nach Altenmarkt überquerend, ein Stück am Ufer der Alz entlang.

Rast an der Alz gegenüber von Poing

Gegenüber vom Weiler Poing, einem Ensemble aus weithin sichtbaren gelben Häusern auf der anderen Seite der Alz, biegen Sie nach rechts ab und erreichen nach etwa 600 m den Weiler Niesgau am rechten Ufer der Alz. Auch in diesem Abschnitt ist der Fluss einzigartig und naturnah. Sein Fischreichtum zieht auch seltene Arten wie den Gänsesäger, dem Sie jederzeit begegnen können, magisch an.

Von hier setzen Sie den Weg fort, weiter entlang der Alz, über die kleine Siedlung

Große Tour von Truchtlaching über Offling zum Kloster Baumburg in Altenmarkt; über Massing und Höllthal nach Truchtlaching zurück; wahlweise kleinere Tour bis zur Alzfähre in Garsch (Tel. 08621/7387; September bis Juni Montag und Dienstag außer Betrieb) und zurück nach Truchtlaching

Parkplatz gegenüber der Kirche in der Ortsmitte von Truchtlaching

18,8 km (große Variante)
12,5 km (kleine Variante)

5 Stunden (große Variante)
3 Stunden (kleine Variante)

Tour mit einzelnen Steigungen

Die Tour eignet sich als Fuß- und Radwanderung

Bräustüberl Baumburg, Baumburg 12, 83352 Altenmarkt an der Alz, Tel. 08621/5155

Bademöglichkeiten in der Alz: im Flussbad Altenmarkt unterhalb des Klosters Baumburg

Klosterkirche Baumburg

Auf der Anhöhe am Ortsrand von Altenmarkt gelegene Kirche, ehemals zum Kloster St. Margareth zu Baumburg (gegründet 1105) gehörend; heute dient die Stiftskirche als Pfarrkirche von Altenmarkt an der Alz

Baumburg, 83352 Altenmarkt/Alz

Auf der Hälfte der Tour (große Variante)

Einmaliges Ensemble aus Klosterkirche, Pfarrhof, Brauereigebäuden, Bräustüberl und heutigem Seminarhotel

Offling bis zum Weiler Garsch. Sollten Sie sich für die kleinere Variante entschieden haben, setzen Sie hier mit der Alzfähre auf das andere Flussufer über (Hinweise am Ende der Tourbeschreibung).

Weibchen des Gänsesägers (Mergus merganser) im Flug

Bei der großen Variante der Tour wandern Sie weiter nach Norden, immer auf das weithin sichtbare Kloster Baumburg zu. In dem wunderschönen Ensemble der Klosteranlage angekommen, empfehlen wir Ihnen, im Bräustüberl Baumburg zu einer Rast einzukehren. Bei guter bayerischer und verfeinerten Küche können Sie es sich, nachdem Sie den halben Weg hinter sich haben, gut gehen lassen.

Bevor Sie die Tour fortsetzen, sollten Sie nicht auf eine Besichtigung der Klosterkirche St. Margarethen verzichten. Die Kirche erhielt ihre charakteristischen Zwiebelhauben erst im Zuge der barocken Umgestaltung der vormals gotischen

Kloster Baumburg – auch ein beliebter Platz zum Heiraten

Deckengemälde der Klosterkirche St. Margarethen, Kloster Baumburg

Gebäude des Stifts, die um 1600 mit einer Renovierung der mittelalterlichen Kirche begann. 1803 wurde das Stift im Zuge der Säkularisation durch den bayerischen Staat aufgehoben. Die Stiftskirche dient heute als Pfarrkirche von Altenmarkt an der Alz. Viele Gebäude des Klosters wurden abgerissen. Seit 1910 ist ein Flügel

Prachtvoll thront die Klosterkirche von Baumburg über dem Alztal

der Anlage zum Pfarrhof umfunktioniert. In einem anderen Flügel ist ein privates Seminarhotel untergebracht, das von Chören und Orchestern gerne genutzt wird. Die 1612 gegründete Klosterbrauerei Baumburg befindet sich heute ebenfalls in Privatbesitz.

Nach Verlassen des Klosters führt die Tour durch Altenmarkt, wo Sie die Alzbrücke überqueren und der Straße nach Wasserburg folgen. Nach ein paar Hundert Metern biegen Sie nach links ab. Von hier wandern Sie über den kleinen Ort Thalham in Richtung Seeon. Nach gut 2 km erreichen Sie den Wegweiser nach Massingmühle, dem Sie an dieser Stelle folgen, bis Sie nach etwa einem Kilometer den Weiler Wies erreichen. Von hier geht es weiter in südliche Richtung, vorbei am Weiler Brandl bis nach Höllthal, wo wir Ihnen noch einen ganz besonderen Tipp zum Rasten geben können. Hier finden Sie, fast versteckt, ein kleines Café mit einer Terrasse unmittelbar am Alzufer, wo selbst gemachter Kuchen und frischer Räucherfisch zum Angebot gehören. Ein wirklich ganz besonderer Platz. Von hier führt die Tour weiter in westlicher Richtung an der Alz entlang, am Weiler Apperting vorbei und weiter in südliche Richtung an den Ausgangsort Truchtlaching zurück.

Kürzere Variante:

Die kürzere Variante der Tour, die etwa 12,5 km lang ist, unterscheidet sich dadurch, dass Sie am Weiler Garsch, statt nach Kloster Baumburg weiterzugehen, mit der kleinen Alzfähre übersetzen und nach dem Gartenlokal Roiter in nordwestlicher Richtung bis zum Weiler Wies gehen. Ab hier nimmt die Tour wieder den Verlauf wie oben beschrieben. Um mit der Alzfähre überzusetzen, müssen Sie eine Klingel (am langen Seil kräftig ziehen) betätigen. Der Fährmann kommt nach kurzer Zeit. Noch besser: Rufen Sie beim Gartenlokal Roiter (Roit 1, 83352 Altenmarkt) an: Tel. 08621/7387 – und dem Vergnügen steht nichts mehr im Wege. Eine Rast mit Brotzeit im Gartenlokal Roiter bietet sich hier an.

Alzwehr bei Altenmarkt

TOUR 8.3
Auf der Alz von Seebruck bis Truchtlaching

Der Ausgangspunkt der Tour befindet sich in Seebruck am Minigolfplatz, am Ende der Haushoferstraße am östlichen Alzufer unmittelbar neben der Alzbrücke. Parken können Sie nach Wahl im Ortskern. Bei dieser Tour erleben Sie die Alz auf einem etwa 9 km langen Flussabschnitt einmal hautnah. Zwei bis drei Stunden treiben Sie auf einem etwa 25 m² großen Holzfloß mit Sitzbänken und Tischen mitten auf der Alz

Schwarzhalstaucher (Podiceps nigricollis)

gemächlich auf Truchtlaching zu. Es wird von zwei Flößern gelenkt, die Ihnen auch Getränke und kleine Brotzeiten anbieten. Auf dieser gemütlichen Floßfahrt, die Ihnen ganz sicher in Erinnerung bleiben wird, erleben Sie die Alz von ihrer schönsten Seite.

Die obere Alz ist auf diesem Flussabschnitt als Landschaftsschutzgebiet „Oberes Alztal" auf einer Fläche von 998 ha geschützt. Das Schutzgebiet reicht von Seebruck bis kurz vor Trostberg und hat das Ziel, die einzigartige Flusslandschaft mit begleitenden Streuwiesen, Röhrichtbeständen sowie Sand- und Kiesbänken mit ihrer Tier- und Pflanzenwelt wirksam zu schützen. Die vorhandenen Lebensräume sind unverzichtbare Rückzugsgebiete für selten gewordene Pflanzen und Tiere. Tier- und Pflanzenarten, die andernorts

Floßfahrt auf der Alz von Seebruck bis Truchtlaching, vom 1. Juli bis 3. Oktober täglich um 10:00 und 14:30 Uhr; ein Floß für bis zu 30 Personen kostet € 400,–: Georg Niedermaier, Tel. 0 86 67/5 08, www.alzflossfahrt.de, Einzelpersonen oder Familien wenden sich an Tourist-Information Seebruck, Tel. 0 86 67/71 39, www.seeon-seebruck.de

Minigolfplatz in Seebruck, am Ende der Haushoferstraße, Parkplatz: am Ortseingang von Seebruck (von Chieming/ Traunstein kommend)

9,1 km

Je nach Wasserstand dauert die Floßfahrt ca. 2 bis 3 Stunden

Bequeme Sitzplätze auf dem Floß; bei Regen wird das Floß mit einer Markise überdacht

Ristorante Ciao Ciao (Gasthof zur Post) in Truchtlaching, Tel. 0 86 67/87 94 96-6

Nach der Floßfahrt Bademöglichkeiten in der Alz: im Flussbad Truchtlaching

Männchen der Kolbenente (Netta rufina)

Paar der Stockente (Anas platyrhynchos) bei der Gefiederpflege

längst ausgestorben sind, finden hier immer noch die notwendigen Voraussetzungen zum Überleben.

Intensive Nutzungen und Störungen sollen, soweit das in unserer Landschaft möglich ist, vermieden werden. So ist das Befahren der Alz mit Booten erst ab 1. Juli erlaubt. Dies gilt natürlich auch für das Befahren mit dem Floß. Diese Einschränkungen, die neben vielen anderen in der Verordnung für das Landschaftsschutzgebiet eindeutig geregelt sind, sollen den Schutz der frei lebenden Tierwelt in der Paarungs-, Brut- und Aufzuchtzeit gewährleisten. Bevor diese Regelung eingeführt worden ist, führte ein Run begeisterter Boots-und Schlauchbootfans auf die Alz dazu, dass eine Schutzregelung dringend erforderlich wurde. Die Naturschutzbehörden, die für den Vollzug der Regeln zuständig sind, sind bisher mit dem Einhalten der Regeln zufrieden.

Wasserralle (Rallus aquaticus) am Alzufer

Sollten Sie ein Fernglas besitzen, raten wir Ihnen, dieses auf diese Floßfahrt mitzunehmen, da Sie mit einer Reihe von spontanen Naturbeobachtungen rechnen können. Neben den häufigen Wasservögeln, wie etwa der Stockente und dem Blesshuhn, ist es möglich, dass sich auch seltene Arten wie die Wasserralle im Uferschilf, der vorbeifliegende Silberreiher oder die auffällig gefärbte Kolbenente zeigen. Viele Vogelarten sind am Oberlauf der Alz als Nahrungs- oder Wintergäste, andere brüten und ziehen hier ihre Jungen groß. Neben Vögeln, die man direkt beobachten kann, kommen auch solche vor, die man nur durch ihre Stimme wahrnehmen kann. Zu diesen Arten gehören der seltene Drosselrohrsänger oder die

Rohrammer, deren Gesänge Sie aus den großen Schilffeldern am Alzufer oder von der Flussinsel Bifuß hören können. Zum Schutz der Tierwelt ist es auch ganzjährig untersagt, diese Schilfinsel zu betreten und in diesem Bereich den linken Arm der Alz zu befahren.

Neben der Beobachtung der Tier- und Pflanzenwelt, dem Genuss der Landschaft kennenlernen oder seinen Kindern eine besondere Freude machen möchte, der kann auch die naturkundliche Floßfahrt „Aufwachen oder Sonnenuntergang auf der Alz" buchen. Weitere Informationen erhalten Sie im Internet bei der Tourist-Information Seebruck, Am Anger 1, 83358 Seebruck, Tel. 08667/7139, www.seeon-seebruck.de.

Silberreiher (Casmerodius albus) im typischen Flug

erhalten sie aber noch Einblicke in weitere Geheimnisse der Alz. So erfahren Sie etwa den Grund, warum die Alz überhaupt ihr Wasser behält und es nicht im kiesigen Untergrund versickert. Es sind die „wachsenden Steine", die dafür sorgen. Was geheimnisvoll klingt, sind Kalkablagerungen des kalkreichen Chiemseewassers auf den Steinen und dem Flussgrund, der auf diese Weise abgedichtet wird.

Die Floßfahrt endet am Alzufer vor der Alzbrücke in Truchtlaching, von wo Sie mit dem Bus wieder nach Seebruck gebracht werden. Wer die Natur der Alz noch näher

Männchen der Gebirgsstelze (Motacilla cinerea) auf Nahrungssuche

Chiemsee für Genießer – Kulinarische Tipps

Es ist in diesem Führer schon mehrmals angeklungen: Der Chiemsee stellt ein wahres Paradies für Genießer dar – gerade auch in kulinarischer Hinsicht. Die Voraussetzungen für eine hoch entwickelte Gastronomie sind ideal: Die Nachfrage ist da – durch die vielen Touristen und Ausflügler, die nicht nur die landschaftlichen Reize der Gegend auskosten wollen. Die „Rohstoffe" sind auch da: Aus dem See kommen Fische, aus den Wäldern Wild und Pilze, die heimische Milchwirtschaft und Rinderzucht und zahlreiche Bauern und Gärtner, manche davon mit biologischem Anbau, liefern hochwertige Nahrungsmittel. So ist es kein Wunder, dass in der Region um das Bayerische Meer jeder Gaumen das Richtige findet: vom erstaunlich guten Dorfwirtshaus, wo zu vergleichsweise günstigen Preisen handwerklich hervorragend und oft sogar richtig kreativ gekocht wird, bis hin zu echter Spitzengastromie, die Michelin-Sterne vorweisen kann. Unsere kleine Galerie empfehlenswerter Betriebe soll Ihnen die Entscheidung erleichtern, wenn sich die Frage stellt: Wohin zum Essen? – Und manche der vorgestellten Häuser können Ihnen darüber hinaus ein angenehmes Nachtquartiert bieten.

Mühlberger Kochschule

Ein Michelin-Stern leuchtete jahrelang über seinem Priener Restaurant. Heute hat sich Thomas Mühlberger neu orientiert. In seiner Kochschule können Jung und Alt, Amateure und Erfahrene bei ihm die Raffinessen des kreativen Arbeitens am Herd erlernen und ihren Spaß daran entdecken. Die gemeinsam zubereiteten Speisen werden anschließend als mehrgängiges Menü auch gemeinsam genossen – selbstverständlich mit abgestimmter Weinbegleitung.

Wein – das ist ein weiterer Schwerpunkt von Mühlbergers Angebot. Wer auf der Suche nach einer erlesenen Sorte für besondere Anlässe oder auch nach Champanger oder einer ausgewählten Spirituose ist, wird hier fündig und erhält eingehende persönliche Beratung. Ebenso sind zahlreiche selbst hergestellte Feinkostspezialitäten erhältlich: etwa Pralinen, Backwaren, Pasteten, Pasta, Terrinen oder gebeizter Lachs. Auch wer hochwertige Kaffees, Tees, Essige und Öle sucht, ist bei Thomas Mühlberger richtig.

Auch nach dem Wechsel vom Restaurant zur Kochschule und ins Feinkostgeschäft ist Mühlberger sich selbst treu geblieben:

Wer nicht selbst kocht, kann sich vom Meister des Herdes kleine Speisen servieren lassen

Kochkurse bei Thomas Mühlberger – das ist Spaß am kreativen Arbeiten und gemeinsames Genießen

Nach wie vor stehen für ihn die Arbeit mit natürlichen, gesunden und frischen „Rohstoffen" und die persönliche Beziehung zu seinen Lieferanten im Mittelpunkt. Und ein wenig ist sein heutiges Geschäft nach wie vor ein Restaurant- oder genauer Bistrobetrieb: Von vormittags bis zum späten Nachmittag kann man einfach zum Essen kommen – freitags und samstags gibt es zusätzlich bis 20 Uhr warme Küche. Serviert werden kleine, raffinierte Gerichte. Und kaum jemand wird die Gelegenheit auslassen, ein Stück hausgemachten Kuchen zu essen und die eine oder andere erlesene Spezialität mit nach Hause zu nehmen …

? **_Thomas Mühlberger_**
Kochschule – Weine – Feine Kost

i *In Prien rechts an der Straße aus Richtung Bernau/Autobahn ins Ortszentrum*

✉ *Bernauer Straße 31*
83209 Prien am Chiemsee
Tel. 08051/966888
Fax 08051/309274

www.kochstdunoch.de
E-Mail info@kochstdunoch.de

! *Kochkurse; selbst hergestellte Feinkostspezialitäten; Wein,Champagner, Spirituosen, Essige, Öle, Tees, Kaffees; Bistro-Betrieb mit Frühstücksangebot und kleinen, feinen warmen Speisen*

Blick vom Biergarten über den See zu den Bergen

Klosterwirt

Am Anfang war die selige Irmengard. Die „Inselheilige", die im 9. Jahrhundert hier als Äbtissin wirkte, wurde über tausend Jahre später der Anlass, dass man ein ehemaliges Wirtschaftsgebäude des Klosters zu einem Gasthaus umfunktionierte. Denn im Gefolge ihrer Seligsprechung im Jahr 1928 entwickelte sich eine Irmengard-Wallfahrt, und nachdem Wallfahrer – zumal bayrische – beträchtlichen Hunger und vor allem Durst entwickeln, musste Abhilfe geschaffen werden.

Heute dürften die Wallfahrer unter den Gästen des Klosterwirts eine kleine Minderheit sein. Aber er hat seinen Platz behauptet und ist aus dem gastronomischen Leben der Insel nicht wegzudenken. Die zahlreichen Tagesausflügler, die gleich nebenan am Hauptsteg anlanden, wissen ihn ebenso zu schätzen wie Gäste, die sich zu Einkehrtagen oder Seminaren hinter die Mauern des Benediktinerinnenklosters zurückgezogen haben, oder wie Gesellschaften, die für eine Feierlichkeit die „himmlischen Stuben" im oberen Stockwerk gebucht haben und sich von Klosterwirt Michael Leiner ein besonderes Menü servieren oder ein Buffet aufbauen lassen wollen.

Die Küche ist weitestgehend regional dominiert – allerdings mit einer großen Bandbreite von ganz schnörkellos und klassisch bis verfeinert. So steht durchaus eine Reihe ganz einfacher und auch recht preiswerter Gerichte wie saures Lüngerl auf der Karte, natürlich auch der Schweinsbraten in Dunkelbiersoße. Aber ebenso kann derjenige, der es raffinierter will (und auch ein wenig mehr auszugeben bereit ist), etwa ein Hirschsteak mit Brokkoli an Kürbiskernrösti und Preiselbeerbirne genießen. Ebenso ist für Vegetarier und Veganer bestens gesorgt.

Breiten Raum nehmen im Angebot selbstverständlich fangfrische Chiemseefische ein – in zum Teil nicht alltäglichen Zubereitungsarten. Die Renke steht in mehreren Varianten auf der Karte, unter anderem auf Matjesart. Oder wie wäre es mit Filets von der Chiemgauforelle auf Kapernäpfeln mit geschmolzenen Tomaten und Kräuterkartoffeln? Wer lieber Saibling oder Zander isst, kommt ebenso auf seine Kosten und darf sich über saisonal unterschiedliche Zubereitungsarten freuen. Gerade für kleine Gesellschaften kann es ein besonderes Fest sein, wenn für sie ein ganzer kapitaler Hecht oder Zander fangfrisch zubereitet wird.

Tafeln in ehemals klösterlichen Mauern

Gleich neben dem Dampfersteg und unmittelbar angrenzend an das Klosterareal lockt der Klosterwirt zu einer Einkehr

Insbesondere im Sommer, wenn sich ein Aufenthalt im Biergarten anbietet, sucht man den Klosterwirt gerne zur Brotzeit oder zum Kaffee auf – denn auch hierfür ist er mit einer Reihe von traditionellen kleineren kalten Gerichten und einem täglich frischen Angebot an Kuchen und Torten bestens gerüstet.

Der Genießer kommt genauso gern einmal im Winter auf die Fraueninsel – und findet den Klosterwirt geöffnet, denn nur jeweils kurz vor Weihnachten gibt es eine Woche Betriebsurlaub. Vielleicht ist es dann hier am gemütlichsten, wenn man in Ruhe unter den Bögen des alten Gewölbes sitzt und seinen Kaffee oder Glühwein zu einem Stück Strudel trinkt.

Der besondere Glanzpunkt ist wohl die Silvesterfeier beim Klosterwirt. Dabei steht das große sechsgängige Menü im Mittelpunkt. Aber auch das »Drumherum« stimmt, denn für den Silvestertanz organisiert Leiner eine Liveband und lässt es sich nicht nehmen, ein eigenes Feuerwerk abzubrennen. Es ist klar: Dabei kann es spät – oder vielmehr früh – werden. Wer die letzten paar Stunden der Nacht noch im eigenen Bett verbringen will, für den fährt ein Taxischiff nach Gstadt. Wer sich um diese Zeit nicht mehr übers Wasser wagen will, kann, wie Leiner versichert, auch die Gastfreundschaft der Benediktinerinnen von Frauenchiemsee in Anspruch nehmen.

? ***Klosterwirt Frauenchiemsee***
Michael Leiner

i *Auf der Fraueninsel, gleich links neben dem Hauptsteg der Chiemsee-Schifffahrt*

83256 Frauenchiemsee 50
Tel. 0 80 54/77 65
Fax 0 80 54/90 95 65

www.klosterwirt-chiemsee.de
E-Mail klosterwirt@klosterwirt-chiemsee.de

! *Klassische und verfeinerte regionale Gerichte; fangfrische Chiemseefische in zahlreichen Zubereitungsarten*

Der schöne Kachelofen in der Gaststube stammt aus der Inseltöpferei Klampfleuthner

Inselwirt

Das Haus, in dem heute der Inselwirt untergebracht ist, hat eine lange Geschichte: Es wurde im frühen 12. Jahrhundert im Salzburger Stil erbaut, gehörte ursprünglich zum Kloster und diente einst als Gerichtsgebäude. Hier war der Amts- und Wohnsitz des Hofrichters, der im Gerichtssaal die „Spitzbuben" des Bistums Chiemsee verurteilte. Im 13./14. Jahrhundert – damals wurde der Kampanile, der frei stehende Glockenturm des Münsters, errichtet – diente das Gerichtsgebäude auch als Taverne. Zeitweilig wohnte sogar ein Bischof im Haus. Nach der Enteignung des Klosterbesitzes durch den Staat im Jahre 1803 ersteigerte der Tuchmacher Krämmer das Anwesen für 550 Gulden.

Fortan wurde in der Tuchmacherei vom Unterrock bis zum Priestergewand alles Mögliche versponnen, gefärbt, verwebt und genäht. Die Zucht von Seidenraupen ermöglichte die Herstellung feinster Seide. Das Futter für die Raupen lieferten rund 25 Maulbeerbäume. Das Webergewerbe wurde aber mit der Zeit unrentabel.

Als das Haus 1950 in erneuerungsbedürftigem Zustand war, stellte sich die Frage: Renovieren, sanieren, verpachten oder verkaufen? Ein guter Freund der Familie Krämmer sagte: „Machts doch a Wirtschaft draus, gfressn und gsuffa wird allerweil!"

Die Lösung war gefunden! Nach Bestandsaufnahme der alten Mauern wurde der Bauplan ausgearbeitet, und 1950/51 erfolgte der Umbau zum „Gasthof Inselwirt". Ein erneuter Umbau mit Fremdenzimmern stand 1981 an. 2011 wurde der Südflügel komplett saniert und mit sechs luxuriös ausgestatteten Zimmern zum „Hotel Restaurant Inselwirt" erweitert.

Dabei galt immer der Grundsatz, möglichst alles Historische zu erhalten – von den alten Türen bis zur barocken Stuckdecke, den ehemaligen Gerichtssaal und das alte Gewölbe im Kaminzimmer. So bietet das Restaurant heute gepflegte Gastlichkeit mit Tradition.

Auf der täglich wechselnden Speisekarte finden sich Feines und Deftiges, lokale und internationale Küche in gutbürgerlicher Tradition. Spezialität des Inselwirts sind Fischgerichte, täglich fangfrisch aus dem Chiemsee, wie Renke, Rutte, Hecht und Zander, Saibling, Brachse und auch Schratzen, fein nach Art des Hauses, klassisch aus dem Wurzelsud oder in Butterschmalz gebraten. Größter Beliebheit

Blick von der Terrasse über den See zur Herreninsel mit dem »Alten Schloss«.

erfreut sich die Fischsuppe „Inselwirt". Darüber hinaus kann der Gast zwischen bayerischen Schmankerln, regionalen und internationalen Gerichten aus stets frischen Produkten wählen. Dazu gibt es ein umfangreiches Angebot erlesener Weine. All das genießt man in stilvollem bayerisch-ländlichem Ambiente. Die Werke berühmter Chiemseemaler aus dem 19. Jahrhundert, der prachtvolle alte Kachelofen und die alten Riemenböden prägen das Ambiente der Gaststube – ihrer gemütlichen Atmosphäre wegen ist sie weit über die Grenzen des Chiemsees hinaus bekannt. Das Kaminzimmer mit seinem Gewölbe eignet sich besonders für Hochzeiten und Familienfeiern.

Bei schönem Wetter lockt der urige, windgeschützte Biergarten – manche behaupten: einer der schönsten Bayerns. Ebenso kann man auf der Terrasse Platz nehmen: Eine fangfrische Chiemseerenke, in Butter gebraten, ein kühles Weißbier und dazu die untergehende Sonne über dem Chiemsee – was braucht man mehr zum Glück?

? ***Hotel Restaurant Inselwirt***
Benjamin Krämmer

i *Auf der Westseite der Fraueninsel in Ufernähe*

✉ *83256 Fraueninsel im Chiemsee*
Tel. 0 80 54/6 30
Fax 0 80 54/79 37

www.inselwirt.de
E-Mail info@inselwirt.de

! *Regionale und internationale Gerichte; Chiemseefische in zahlreichen Zubereitungsarten; hausgemachte Pasta*

Pizza vom Steinofen, frische Pasta und großartigen Rundblick genießt man im Restaurant „Il Cavallo"

Vier Mal Gut Ising

„Ising ist Heimat. Sie sind mehr als ein Gast." – Das verspricht der Slogan. In der Tat ist Gut Ising am Ufer des Chiemsees ein eigener kleiner Ort, der mit seinen fast unendlichen Freizeit- und Entspannungsmöglichkeiten einen längeren Aufenthalt nahelegt. Auf insgesamt 170 Hektar kann man in der freien Natur reiten, golfen, Tennis spielen, im hauseigenen Wellnessbereich relaxen oder sich bei einer Spa-Behandlung verwöhnen lassen. Mittlerweile ist das Gut aber auch als Hotspot für anspruchsvolle Genießer bekannt, die sich spontan auf einen kulinarischen Streifzug durch eines der vier Restaurants begeben oder zusätzlich einen Tag im Ising Day Spa verbringen.

Saftige Steaks und hausgemachte Burger erwarten Gäste im Derby bar | grill

Die erfolgreiche Etablierung neuer, ergänzender kulinarischer Angebote liegt Hoteldirektor Christoph Leinberger besonders am Herzen. Der neueste Zuwachs, das „Derby bar | grill", hat sich schon als angesagter Treffpunkt für entspannten Genuss und ausgezeichnete Fleischkreationen in stylischer Atmosphäre auf Gut Ising entwickelt. T-Bone-Steaks, Tomahawks, Black-Angus-Burger oder Lammhüften: Fleisch-Fans kommen hier auf ihre Kosten. Aber auch moderne Snacks wie Falafel oder gesunde Bowls stehen auf der Karte und ergänzen das kosmopolitische Interior-Konzept, das sich ebenfalls auf der neu gestalteten, sonnigen Terrasse wiederfindet. Ein perfekter Ort für Barbecue-Abende oder um das Spiel der Lieblingsmannschaft zu verfolgen: Seinem Namen als Sportsbar wird das Derby mit gleich fünf großen TV-Bildschirmen für sportliche „Live-Übertragungen" jedenfalls voll und ganz gerecht.

Die beliebte regionale Küche im nostalgischen Restaurant „Zum Goldenen Pflug" genießt man in schönen alten Gaststuben unter denkmalgeschütztem Kreuzgewölbe sowie auf einer Sonnenterrasse oder im Biergarten im historischen Innenhof des Gutes. Beliebte bayerische Spezialitäten werden hier ergänzt durch feine vegetarische Delikatessen und fangfrischen Fisch. Im Winter erwartet den Besucher ein gemütliches Fondue-Restaurant mit mehr als zehn Fondue-Menüs.

„Aus Liebe zum Genuss" lautet der Wahlspruch des Gourmetrestaurants „Usinga", das längst zu den besten Adressen für feine Gastronomie in Oberbayern gehört. Die Speisekarte überzeugt auch verwöhnte Gaumen mit mehrfach ausgezeichneter Alpenkulinarik, saisonalen Lieblingen und internationalen Delikatessen – modern, kreativ und neu interpretiert. Aus den sorg-

Gut Ising

An der Straße Seebruck–Traunstein rund 1 km hinter dem Ortsausgang Seebruck links, dann rechts den Hügel hinauf

Kirchberg 3
83339 Chieming/Ising
Tel. 08667/79-0

www.gut-ising.de
E-Mail hotel@gut-ising.de

Saftige Steaks sowie Burger vom Grill und aus dem Smoker im ***Derby bar|grill;*** *traditionelle bayerische und vegetarische Gerichte im* ***„Goldenen Pflug";*** *anspruchsvolle, kreative regionale und internationale Küche im* ***Gourmetrestaurant „Usinga";*** *italienische Küche im* ***„Il Cavallo";*** *umfangreiches Freizeitangebot*

Sportlich-elegant geht es im Derby bar|grill zu

fältig aufeinander abgestimmten Gerichten kann sich der Gast sein eigenes Menü zusammenstellen – auf Wunsch mit korrespondierenden Weinen und Weinreise. Das kleine Restaurant bezaubert mit 18 Plätzen und sorgt dabei für exklusives und privates Flair. Im Sommer genießen Feinschmecker die Kochkunst von Haubenkoch Gunnar Huhn im Schanigarten. Ein italienisches Restaurant auf dem Gut, das „Il Cavallo", bietet frische Steinofenpizza, hausgemachte Pasta, mediterrane Fisch- und Fleischspezialitäten sowie echte italienische Gelato- und Dessertklassiker. Das Restaurant und die großzügige Terrasse mit wunderschönem Blick auf den Chiemsee, die Alpen und der Sonnenuntergang sorgen für la dolce vita am Chiemsee.

Erstklassige Behandlungen und entspannende Atmosphäre im Ising Spa- und Wellnessbereich

Romantische Abendstimmung auf der Hafenwirts-Terrasse

Hafenwirt

Seebruck hat einen der größten Häfen am „Bayerischen Meer", in dem bis zu 500 Boote Platz finden. Das ist sicher ein Standortvorteil für das gleich daneben auf der Halbinsel angesiedelte Restaurant, den Hafenwirt. Und doch sind es keineswegs nur die Segler, die das Gebäude mit der großzügigen Fensterfront zum Hafen und der großen, ruhig gelegenen Terrasse gern aufsuchen. Ob Radler, die beispielsweise auf dem Chiemseeradweg Station machen wollen, Wanderer oder einfach Ausflügler – im Sommer können sie von hier aus in Ruhe das lebhafte Treiben im Hafen beobachten. Der Blick über den See auf die Gipfel der Chiemgauer Alpen ist ohnehin zu jeder Jahreszeit eine Attraktion.

Auf der Speisenkarte werden Gäste mit ganz unterschiedlichem Geschmack gleichermaßen fündig. Konservatives wie das original Wiener Schnitzel von der bayeri-

? ***Hafenwirt – Restaurant & Café***
Vincent Gschwendner

i *Von der Straße St 2095 (Rosenheim – Traunstein) in Seebruck in der 90°-Kurve bei der Alzbrücke in Römerstraße, sofort links in Am Chiemseepark Richtung Strandbad/Yachthafen*

Am Chiemseepark 7
83358 Seebruck
Tel. 08667/611

www.hafenwirt.de
E-Mail info@hafenwirt.de

! *Regionale Küche von klassisch bis verfeinert, mit internationalen Einflüssen angereichert; hausgemachte Kuchen*

Ein Dessert, einfach zum Anbeißen!

schen Kalbslende steht neben ausgesprochen verfeinerten Kreationen wie Capelli mit Trüffelfüllung in weißer Portweinsoße mit Romanesco, Cocktailtomaten und Parmesanspänen.

Das kulinarische Programm wechselt mit den Jahreszeiten; auch beim Hafenwirt hat man sich einer saisonalen Küche verschrieben. Der Reigen beginnt im Frühjahr mit Bärlauch und setzt sich mit Spargel fort. Im Sommer sind Steaks der Schwerpunkt. Besonders beliebt sind die Wildgerichte im Herbst. Das Fleisch stammt ausnahmslos aus einheimischer Jagd. Dass zu den Spezialitäten des Hauses auch Chiemseefische – Renke, Saibling, Zander, Waller – gehören, bedarf angesichts des Standortes eigentlich gar nicht der Erwähnung. Die Aufzählung lässt es erkennen: Hafenwirt Vincent Gschwendner setzt auf einheimische Produkte und Lieferanten. Zusammenarbeit mit Fischern, Metzgern und Jägern, die er kennt und denen er vertrauen kann, hat bei ihm einen hohen Stellenwert.

Nicht nur der Gaumen wird hier befriedigt, sondern auch das Auge. Der Wirt und seine Mannschaft versehen die Räumlichkeiten immer wieder neu mit saisonal wechselnder liebevoller Dekoration. Dabei ist alles echt – es werden ausschließlich Naturprodukte verwendet. Der Weihnachtsschmuck erntet bei den Gästen großes Lob – zumal dann ein wärmendes Feuer im offenen Kamin knistert und die gemütliche Stimmung noch verstärkt.

Der Betrieb beim Hafenwirt beginnt am Morgen. Schon um acht Uhr öffnet das Lokal zum Frühstück. Man hat die Wahl zwischen mehreren Varianten, bis hin zum großen „Schlemmerfrühstück". Jede davon wird am Tisch serviert, sodass man bequem sitzen bleiben und sich bedienen lassen kann, um den Tag voll zu genießen.

Ein Plätzchen unter blühenden Kastanien mit Blick auf Hafen, See und Berge

Mittags könnte man sich hier zum Beispiel niederlassen, um sich mit Blick auf den Hafen ein Fischgericht schmecken zu lassen. Zum Nachmittagskaffee locken hausgemachte Kuchen, oder man genießt einen Eisbecher auf der Terrasse.

Am Abend ist es möglich, sich etwas Besonderes zu gönnen: das Candle-Light-Dinner beim Hafenwirt. Gegen Vorbestellung tischt der Wirt ein individuelles Menü bei Kerzenlicht für kleine Gruppen und natürlich auch für Paare auf – gerade an schönen Sommerabenden auf der Terrasse eine Sache mit ausgesprochen romantischen Zügen.

Genüssliche Stunden auf der Sonnenterrasse am See mit Blick auf die Kampenwand

Oberleitner Haus am See

Der Name des Restaurants und Cafés ist Programm: Die Lage fast unmittelbar am Ufer des Chiemsees, genauer an der Mühlener Bucht, bietet den richtigen Rahmen zum Genießen, Entspannen und Entschleunigen. Besonders dann, wenn man bei schönem Wetter auf der geräumigen Terrasse mit ihren insgesamt fünfzig Plätzen sitzen kann. Dann öffnet sich dem Gast eine Aussicht der Extraklasse: Über das Wasser geht der Blick zur Herreninsel und weiter zu den Gipfeln der Chiemgauer Alpen mit der Kampenwand im Zentrum. Romantische Sonnenuntergänge inbegriffen!

Aber auch drinnen, im rustikal-gemütlich eingerichteten Gastraum mit seinem Kachelofen oder im Stüberl, lassen sich aussichtsreiche Fensterplätze ergattern.

Kulinarisch setzt man beim Oberleitner vor allem auf bayerische Küche in moderner Interpretation. Die Philosophie lautet: Gastronomie mit Herz – von Lieferanten aus der Region frisch auf den Tisch. Die frisch zubereiteten Tagesgerichte wechseln täglich.

Und was wäre ein Restaurant am Chiemsee ohne ein attraktives Angebot an Fischgerichten? Im Falle des Oberleitner kommen sie von Sepp Wörndl auf der Fraueninsel, einem der derzeit sechzehn Mitglieder der traditionsreichen Fischereigenossenschaft Chiemsee – Berufsfischer, die sich die nachhaltige Befischung des Bayerischen Meeres auf die Fahnen geschrieben haben.

„Gibt es auch den in heimischen Süßgewässern ansässigen Erdbeerbisquitroller?“, fragt ein Gast auf der Facebook-Seite des Restaurants. Ein Hinweis auf einen weiteren kulinarischen Schwerpunkt des Oberleitner: die höchst beliebten hausgemachten Kuchen, Torten und Süßspeisen. Sogar der Kaffee, den man sich dazu bestellt, ist regionalen Ursprungs: Natürlich ist er nicht in bayerischen Gefilden geerntet, aber dafür von einem regionalen Betrieb, nämlich in Halfing, geröstet.

Eine hervorragende Adresse ist der Oberleitner gerade für Ausflügler: Wegen der Lage am Chiemseerundweg eignet er sich ideal als Einkehrstation auf einer Tour. Und falls man unterwegs so gebummelt

Moderne bayerische Gerichte, stets frisch zubereitet, stehen beim Oberleitner am See im Mittelpunkt

hat, dass es eigentlich schon zu spät zum Mittagessen wäre, macht das auch nichts aus: Für den, der sich dann nicht sofort auf die berühmten Kuchen stürzen will, gibt es durchgehend warme Speisen.
Wer mit dem Auto angereist ist, wird es zu schätzen wissen, dass er sich nach dem Essen auf dem Chiemseeweg die Beine vertreten kann …
Schließlich gibt es dank vier Gästezimmern auch die Möglichkeit, länger beim Oberleitner zu bleiben. Wobei auf ein sympathisches Detail aufmerksam gemacht werden soll: Hunde sind hier ausdrücklich willkommen! Auch Vierbeiner können also am großen Chiemsee-Genuss teilhaben.

? **Oberleitner Haus am See**
Tamas Konya und Michaela Rosenbaum

i *In der Mühlener Bucht bei Breitbrunn, neben dem Anlegeplatz der Fähre zur Herreninsel; von der Straße St 2093 Rosenheim – Traunstein im Ortszentrum von Breitbrunn in die Seestraße abbiegen und ihr bis zum Ende folgen*

Seestraße 24
83254 Breitbrunn am Chiemsee
Tel. 0 80 54/3 96

www.oberleitner-hausamsee.de
E-Mail info@oberleitner-hausamsee.de

! *Moderne bayerische Küche, frische Fischgerichte, vegetarische Gerichte; hausgemachte Kuchen, Torten und Süßspeisen*

Eine Traumlage zum Genießen und Entspannen: Links neben dem Anlegesteg der Fähre erkennt man das Oberleitner-Haus.

Das Pura – Restaurant, Barcafé und Treffpunkt

Pura Restaurant & Pura Studio

Die kulinarische Szene rund um den Chiemsee ist vielfältig. Schweinsbraten und Bier, Apfelstrudel und Prinzregententorte, aber auch Pasta und Calamari, Trüffeln und Garnelen charakterisieren bei Weitem nicht die gesamte Bandbreite dessen, was in der Region geboten wird.

In Breitbrunn gibt es ein noch relativ junges Restaurant, das auf vegetarische und vegane Gerichte spezialisiert ist. Sein Inhaber Lorenz Mayer hat sich einer ehrgeizigen Philosophie verschrieben. Als sein Hauptanliegen oder, wenn man so will, als seine Mission betrachtet er es, zu zeigen, wie spannend, abwechslungsreich und – um es auf Bayerisch auszudrücken – wie „g'schmackig" gesundes Essen sein kann.

Das Innere des Pura

Außer dem Grundsatz, fast ausschließlich fleischfreie Gerichte anzubieten, hat er sich noch ein paar hohe Standards gesetzt: Seine „Rohstoffe" kommen aus biologischer, nachhaltiger Produktion und nach Möglichkeit außerdem aus der Region. Wobei anzumerken ist: Auch bei einigen auf den ersten Blick eher exotisch wirkenden Zutaten auf der Speisekarte ist das mittlerweile möglich. Denn das Speisenangebot hat mit seinen Ausflügen etwa nach Ostasien, Hawaii oder Mexiko ausgesprochen internationalen Charakter.

Das Pura ist keineswegs ein reines Speiselokal – wie der Namenszusatz „Barcafé" demonstriert. Es will Treffpunkt sein – genauso für neugierige „Fleischesser" wie für überzeugte Vegetarier und Veganer. Es gibt ein umfangreiches Repertoire an Cocktails sowie Bioweine. Auch das Biersortiment verdient Interesse, findet man doch dort unter anderem die bei vielen Einheimischen beliebten Weißbiere von Unertl oder die Bio-Produkte vom Neumarkter Lammsbräu.

Seit einiger Zeit hat das abends geöffnete Restaurant auch einen, wenn man so sagen will, Zwillingsbruder: Das Pura Studio gleich nebenan. Hier kann man am Vormittag gemütlich frühstücken und am Nachmittag nicht nur Kaffee trinken – der übrigens wiederum konsequent von regionalen Röstern bezogen wird. Bemerkenswert ist beispielsweise auch das Angebot an ebenso leckeren wie gesunden Bowls von süß bis herzhaft.

Beim Eintreten fällt die Einrichtung im Vintage-Stil auf. Das sieht nicht nur schön

Auf der Speisekarte des Pura steht unter anderem eine Auswahl von ganz besonderen Burgern

Pura Restaurant & Pura Studio
Lorenz Mayer

Im Ortszentrum Breitbrunn, am Abzweig der Straße Richtung Eggstätt von der St 2093 Rosenheim – Traunstein

Gstadter Straße 1
83254 Breitbrunn am Chiemsee
Tel. 0 80 54/9 08 57 03

http://pura.restaurant
E-Mail info@pura.restaurant

Vegetarische und vegane Gerichte und Snacks aus biologischen Zutaten; Kaffee und Kuchen; Cocktails; Frühstücksangebot

aus, sondern hat auch seinen tieferen Sinn: Möbel und Dekostücke kann der Gast bei Interesse auch käuflich erwerben. Die Atmosphäre im Pura Studio wird von den Gästen gern in Neudeutsch als ausgesprochen „chillig“ beschrieben. Ein ganz genauer Blick auf die Speisekarte offenbart dann, dass dem Wirt Prinzipientreue doch nicht über alles geht: Die Weißwürste und die Chiemseerenke sind zwar echt bio, aber bestimmt nicht vegetarisch. Ein paar kleine Zugeständnisse an den örtlichen Geschmack müssen schließlich doch sein!

Und dann als Nachspeise Süßes vom Feinsten!

Seecafe Toni

Chiemsee-Idylle pur: Man sitzt etwas über „Seehöhe" auf der Terrasse, mit Blick auf die glitzernde Wasserfläche der Schafwaschener Bucht und die Bergkette dahinter, mit dem Hochgern, der markanten

See- und Bergpanorama zum Kuchen

Zackenlinie der Kampenwand und der Hochriesgruppe. Weiter rechts, neben der unverwechselbaren Zwiebelkuppel des Kirchturms von Rimsting, spitzen noch die Mangfalltaler Berge heraus. Der Kuchen schmeckt hervorragend – und die Portion ist beachtlich. Sicher keine schlechte Idee, denn direkt am Haus führt der Chiemseeradweg vorbei, und Radler entwickeln bekanntlich einen sehr gesunden Appetit. Sogar bei kühlem Wetter hat der Aufenthalt seine Reize – der Gastraum ist eine Art verglaster Pavillon, in dem man, bestens vor Witterungseinflüssen geschützt, ganz nahe an der Natur ist.

Wir sind im „Seecafe Toni" – aber das mit dem „Café" ist eigentlich nur ein Teil der Wahrheit. Sicherlich, es gibt ein Buffet mit ausgezeichneten hausgemachten Kuchen und Torten – Klassiker sind die berühmte Apfelweintorte oder der Vanillerahmkuchen –, natürlich kann man hier seinen Kaffee, seinen Cappuccino oder seine heiße Schokolade trinken, und das sogar aus handgetöpfertem Geschirr. Ebenso wartet eine ausgedehnte Eiskarte außer mit dem üblichen Programm mit einer Reihe von ausgesprochen raffinierten Kreationen auf. Etwa mit einer Kugel Vanilleeis, umhüllt von gesalzenen Nüssen und Amarettiniflakes, gebettet auf Honig-Karamelspiegel. Oder mit dem „weißen Baucherl", einem Stück Dampfnudel mit Vanille-Zimtschaumsauce und einer Kugel Mandelmilch-Schwarzkirsche. Als weitere Alternative gäbe es Brotzeiten: etwa die Auszogne „Bauernart" aus Kartoffelteig, die mit Sauerrahm, Schinken, Lauch, Knoblauch und Käse überbacken ist, oder das beliebte Rimstinger Bauernbrot.

Doch nicht umsonst hat das Seecafe Toni vom späten Vormittag bis weit in den Abend geöffnet. Es ist nämlich inzwischen zum veritablen Restaurant mit einer teilweise ebenfalls sehr kreativen Küche geworden. Das lag hauptsächlich an den treuen Kunden, von denen viele auch einmal Lust auf ein großes Mahl hat-

? ***Seecafe Toni***
Familie Stöffl

i *In Hochstätt neben der Straße von Rimsting nach Breitbrunn*

✉ *Hochstätt 7*
83253 Rimsting
Tel. 08054/577

www.seecafe-toni.de
(dort sind auch die jeweils aktuellen Öffnungszeiten ersichtlich)
E-Mail info@seecafe-toni.de

! *Café und Restaurant mit hausgemachten Kuchen außergewöhnlichen Eiskreationen, kreative Küche; Gastraum, Terrasse und Ferienwohnungen mit See- und Bergblick*

ten. Überhaupt haben sie richtiggehend an der Speisenkarte „mitgeschrieben", wie Inhaberin Sabine Stöffl zu berichten weiß. Sie ist mit Recht stolz auf ihr offenes Ohr für Wünsche und Anregungen ihrer Gäste. Die Gemüse-Nudel-Pfanne, der saisonal wechselnde Braten oder die Angebote der Salatbar sind also alles andere als beiläufige Einfälle der Küche. Auch nicht ein weiterer Klassiker des Hauses unter dem Motto „Süßfisch trifft Salzfisch": das sind Zander- und Lachsfilet „Müllerin Art" mit Salzkartoffeln, Gemüse nach Saison, spritziger Prosecco-Sahne und einem raffinierten Kräutermix.

Wofür die Familie auch ein offenes Ohr und Auge hat, ist alles, was sich an Interessantem rund um das Café herum abspielt. Denn daraus könnte das halbjährlich wechselnde Motto des Hauses werden, das wiederum Anlass für neue Essens- inklusive Eiskreationen ist. Da gab es etwa schon den „Hexensommer" oder, nach der Bepflanzung rund ums Haus, den „Rosensommer".

Romantische Terrasse

Und wenn sich ein Gast nach so viel Genüssen richtig in das Haus verliebt hat, kann er sich in einer der drei zugehörigen Ferienwohnungen einmieten, die den gleichen schönen See- und Bergblick bieten wie Gastraum und Terrasse.

Der architektonisch reizvolle Innenraum des Cafés

Weißbräu Bachham

Zum Weißbräu kommt man gern immer wieder. Wobei die Stammgäste mitnichten nur aus Orten in der Umgebung anreisen. Manche fahren regelmäßig bis aus der Münchner Gegend hierher.

Was macht die besondere Anziehungskraft dieser etwas abgelegenen Wirtschaft aus? Auf den ersten Blick wirkt das Gebäude recht bescheiden. Und die Einrichtung der ländlichen Gaststube mit den Holztischen und dem schönen grünen Kachelofen ist eher einfach, dabei allerdings sehr gemütlich – wobei es im Sommer auch einen recht hübschen und gar nicht so kleinen Biergarten gibt.

Das Besondere offenbart sich schnell, sobald man hier einmal gegessen hat. Der Hauptgrund für den hervorragenden Ruf ist – außer der persönlichen Atmosphäre des Weißbräu zu Bachham –, dass sich der Chef des Hauses, Peter Birner, ganz besonders gut auf die Zubereitung von Fisch versteht. Er führt damit eine Familientradition fort, die in den 1950er-Jahren begonnen hat. Damals gab es noch die eigene kleine Brauerei, der das Haus seinen Namen verdankt, als zusätzlichen Anziehungspunkt. Leider musste sie 1981 aus Kostengründen aufgegeben werden. Aber umso mehr hat sich Birner seither darauf konzentriert, mit seiner Qualitäts-Fischküche Punkte zu sammeln – mit großem Erfolg.

Den Schwerpunkt auf der Speisenkarte bilden die einheimischen Süßwasserfische: Zander, Saibling, Karpfen, Renke, Brachse oder auch Waller. Birner stützt sich auf zuverlässige Lieferanten aus der Region, wie Jäkle gleich am Ort oder die Fischer der Fischereigenossenschaft Chiemsee. Alle Fische gibt es jeweils in mehreren Zubereitungsarten, etwa im Wurzelsud, gebacken, in Dillbutter. Wer sich unbedingt Seefisch einbildet, wird ebenfalls fündig, bis hin zu so »ausgefallenen« Speisen wie Riesengarnelenschwän-

zen. Und das alles zu zivilen Preisen. – Und wenn man einmal gar keine Lust auf Fisch hat? Keine Sorge, mit dem Schweinsbraten, den Schnitzeln oder Steaks des Hauses ist man ebenfalls bestens bedient.
Auch das Getränkeangebot hat seine Reize: Das Bier kommt vom Rothmooser in Halfing, die Weine von einem Winzer nahe Würzburg.
Wer im Rahmen eines Chiemgau-Ausflugs vielleicht einmal während der Kaffeezeit beziehungsweise zur Brotzeit hier landet, erwischt den Wirt ebenso auf dem richtigen Fuß. Das Problem bleibt allenfalls die Qual der Wahl zwischen Süß und Sauer. Süß, das heißt die ausgezeichneten hausgemachten Kuchen und Torten wie Mohnsahne oder Schokoladensahne. In der Variante »sauer« ist wieder etwas Fischiges zu empfehlen: nämlich die Fischsülze, bei der Geschmack, Fischanteil und auch sonst alles einfach passt.
Nach alledem versteht man auch folgende Geschichte, die ein Gast einmal bei einem Besuch in Frankfurt erlebt hat: Dort fragte man ihn nach seiner Herkunft, und er antwortete seinem Gesprächspartner, er komme aus Eggstätt. Der schob daraufhin mit leuchtenden Augen die Frage nach, ob das »dieses Eggstätt bei Bachham« sei. Die Kunde vom Weißbräu und seinem fischkundigen Chef war schon bis in die Wirtschaftsmetropole am Main gedrungen!

Der Chef des Hauses, Peter Birner, versteht sich besonders gut auf die Zubereitung von Fisch

? **_Weißbräu Bachham_**
Peter Birner

i *Von Eggstätt Richtung Pittenhart fahren, vor Meisham links abbiegen nach Bachham*

Bachham 6
83125 Eggstätt
Tel. 08056/351

www.weissbraeu-bachham.de
E-Mail Birner@weissbraeu-bachham.de

! *Große Auswahl an ausgezeichneten Fischgerichten, bayerische und gutbürgerliche Küche, hausgemachte Kuchen und Torten*

Schlicht und gemütlich sind die Gaststuben des Weißbräu

Gartenromantik in den Außenanlagen des Yachthotels

Yachthotel Chiemsee

Urlaub direkt am See? Inmitten sattgrüner Wiesen und Schatten spendender Bäume? Eingesäumt nicht nur von einer traumhaften See- und Bergkulisse, sondern vor allem auch von himmlischer Ruhe? Genau das bietet das Yachthotel. Direkt am Chiemseeufer gelegen, ist es ein Urlaubshotel par excellence für all diejenigen, die dem Alltagsstress entfliehen wollen und sich nach neuer Kraft und nachhaltiger Erholung sehnen.

Wie kaum ein zweites Hotel rund um den Chiemsee gleicht es, von Wasser, Wiesen und Wald eingesäumt, fast einer Oase. „Fernab von Straßenverkehr und Trubel lässt es sich hier wunderbar entspannen und unbeschwert genießen", beschreibt ein Gast des Hauses die Atmosphäre, deretwegen er mittlerweile schon seit mehr als zehn Jahren das Yachthotel regelmäßig mit großer Freude besucht.

Die Außenanlagen sind so gestaltet, dass direkter Zugang zum See mit Bademöglichkeiten ebenso gewährleistet ist wie der traumhafte Blick von der geschützten See-Terrasse auf die gegenüberliegende

? ***Yachthotel Chiemsee GmbH***

i *In Prien-Harras an der Straße vom Hafen Stock Richtung Bernau, unmittelbar am Chiemsee*

✉ *Harrasser Strasse 49*
83209 Prien am Chiemsee
Tel. 08051/6960
Fax 08051/5171

www.yachthotel.de
E-Mail info@yachthotel.de

! *Herrliche Lage direkt am See, gehobene regionale und internationale Küche, umfangreicher Sport- und Wellnessbereich*

Herreninsel, den See, die Bergkulisse und den eigenen Yachthafen. Im Restaurant Seeblick kann man wunderbar kulinarisch genießen, vom Frühstück über das Mittagessen und Kuchenbuffet bis hin zum Abendmenü. Hier wird mit Liebe zum Detail und zur Region gekocht.

Langweilig wird es aber trotz der Ruhe garantiert nicht. Auf dem Hotelgelände erwartet die Gäste ein Bootsverleih mit Kajaks, Katamaranen und SUP-Surfboards, mitten im Wald hinter dem Haus ein toller Kletter-Parcours. Wer auf Entdeckertour gehen will, der kann das obendrein auch noch sehr entspannt. Denn das Haus verfügt über einen E-Bike-Verleih, was erst recht Lust und Laune macht, den Chiemsee so richtig zu erkunden. Und wer reif für die Inseln ist, braucht sich auch nicht lange zu mühen: Unweit des Yachthotel Chiemsee startet die Chiemsee-Schifffahrt zu ihren Touren auf Herren-, Fraueninsel und Co.

Ein schönes Plätzchen zum Genießen mit Blick auf Bergkulisse, See und den eigenen Yachthafen

Dem Wetter ein Schnippchen schlagen: auch das ist kein Problem. Denn das Yachthotel verfügt über Schwimmbad und Sauna, wo man gemütlich seine Bahnen ziehen und bei 90 Grad Celsius entspannt ins Schwitzen kommen kann. Zum Abschluss lässt man sich vielleicht noch im überdachten Whirlpool mit prickelnden Luftbläschen die Haut massieren.

Das große Plus des Yachthotels ist die Lage direkt am Chiemsee

Fischerei Schaber

Bei den Schabers ist das Gewerbe der Fischerei am Chiemsee alte Familientradition. Seit jeher ist man gewohnt, mit dem komplizierten Ökosystem See zu leben und mit all den Wechselfällen, die es seinen Be- und Anwohnern immer wieder beschert – ob aufgrund von Schwankungen im Naturhaushalt oder aufgrund menschlicher Eingriffe. Anders als ein Fischzüchter kann der Fischer nicht annähernd voraussehen, wie die Ausbeute in der nächsten Saison sein wird. Es gibt manchmal unerwartet gute Jahre – aber auch das Gegenteil hat der heutige Seniorchef Horst Schaber schon erlebt. Einmal ging der Fang an Renken im Vergleich zum Vorjahr auf ein Zehntel zurück. Und dabei ist die Renke der „Brotfisch" der Chiemseefischer, von dessen Verkauf sie hauptsächlich leben. Eine vorausschauende Planung ist unter solchen Umständen natürlich schwierig.

Dabei ist es durchaus nicht so, dass Schaber und die 15 anderen Berufsfischer von der Fischereigenossenschaft Chiemsee nur ernten, wo sie nicht gesät haben. Im Gegenteil. Man tut eine Menge, um den Fischbestand konstant zu erhalten. Im genossenschaftlichen Bruthaus am Harras werden jährlich unter der Aufsicht der Schabers Millionen von Renken-, Hecht- und Eiern anderer Arten ausgebrütet und die Jungfische dann im See ausgesetzt. Was aus ihnen wird, muss man der Natur überlassen ...

Keine Versicherung gibt es auch gegen die Wechselfälle, für die der Markt verantwortlich ist. Heute, in Zeiten, in denen Süßwasserfische aus aller Herren Länder günstig im nächsten Supermarkt zu haben sind, muss man sich etwas ausdenken, um zu überleben. Das wichtigste Erfolgsrezept lautet bei den Schabers:

Die Fischerei Schaber ist ein klassischer Familienbetrieb

? ***Fischerei Schaber***
Renate Schaber

i *In Prien-Harras an der Straße vom Hafen Prien-Stock Richtung Bernau, neben dem Campingplatz Harras*

✉ *Harrasser Straße 143*
83209 Prien am Chiemsee
Tel. 08051/4485

www.chiemseefischerei.de/schaber.html
E-Mail Fischerei-Schaber@t-online.de

! *Verkauf von fangfrischem Fisch und Räucherfischspezialitäten, Fischen auf Bestellung*

Qualität. Um sie zu gewährleisten, macht man inzwischen auch die Veredelung, also die Weiterverarbeitung, im Haus. War man früher fast nur auf dem See unterwegs, um für den neuen Fang zu sorgen, so ist man jetzt einen großen Teil des Tages mit Filetieren oder in der hauseigenen Räucherei beschäftigt.

Von den rund 25 Fischarten, die den Chiemsee bevölkern, ist nur ein Teil für die Fischerei interessant. Bei Schabers werden außer den Renken vor allem Brachsen und Aale verwertet, natürlich alles aus dem See. Lediglich die Saiblinge, die man ebenfalls räuchert, sind zugekauft, von einem Züchter in Amerang.

Die fangfrische Ware, ebenso Filets und Räucherfische, werden seit einiger Zeit auch im eigenen Laden am Harras verkauft – direkt an der Straße, die man von der Autobahn zum Hafen Prien-Stock nimmt.

Außer dem normalen Programm bietet Schaber auch Fischerei auf Bestellung an. Das funktioniert so: Man nennt seinen Wunschfisch und erhält einen Anruf, wenn dieser ins Netz gegangen ist. Es gibt also eine Garantie für den richtigen Fisch, wenn auch nicht für den Zeitpunkt – denn das ist wieder so eine Angelegenheit, bei der der See selbst ein Wörtchen mitzureden hat …

An einer idyllischen Halbinsel bei Prien-Harras liegen die „Operationsbasis" der Schabers und ihr Fischspezialitäten-Laden

Die mit Fischerei-Utensilien dekorierte Gaststube

Fischer am See

Irgendwie ist es naheliegend: Dort, wo die Familie Schaber schon seit Generationen Chiemseefischerei betreibt, steht ein Hotel mit Restaurant, das den passenden Namen „Zum Fischer am See" trägt. Seit 2019 wird es von der Familie Leyk geführt, die schon in den Jahren zuvor ein Begriff in der Priener Gastronomie war.

Fischgerichte sind der Schwerpunkt auf der Speisekarte des Fischer am See

Der Fischer am See versteht sich noch mehr als viele andere Häuser in Ufernähe oder auf den Inseln als Fischrestaurant. Das macht der Blick auf die Speisenkarte deutlich.

Im Zentrum steht selbstverständlich Chiemseefisch, den man täglich fangfrisch genießen kann. Die allgegenwärtigen Renken und Saiblinge machen dabei nur einen Teil des Angebots aus. Häufig tauchen auf der Tageskarte auch nicht alltägliche Schmankerl wie Rutten, Schleien oder Schratzen auf.

Aber die Palette der Fischgerichte erschöpft sich damit keineswegs. Auf der Karte ist eine ebenso reiche Auswahl von alldem vertreten, was die Gebirgsbäche der Umgebung, aber auch die Weltmeere hergeben. Beim Fischliebhaber bleiben eigentlich keine Wünsche offen. Und was die Zubereitungsarten angeht, kommen ganz unterschiedliche Geschmäcker voll auf ihre Kosten. Es geht ganz klassisch – etwa „blau", also im Wurzelsud gesotten, oder „Müllerin Art". Aber man kann es auch raffinierter haben, zum Beispiel in Safranschaum pochiert.

Nicht zu vergessen auch der Räucherfisch. Zum Haus gehört eine eigene Räucherkammer, sodass man sich auch hier darauf verlassen kann: Alles ist hausgemacht.

Aber selbstverständlich wird niemand gezwungen, Fisch zu essen. Es gibt ebenso Vegetarisches und Fleischgerichte. Dabei fährt Familie Leyk mit Erfolg zweigleisig: Einerseits bietet sie für die Traditionalisten bayerische Klassiker wie Ochsenbackerl oder Kalbskopfpflanzerl an, andererseits leichte mediterrane Gerichte für den gesundheitsbewussten Genießer.

Dass außer der Angebotsbreite auch die Qualität stimmt, zeigt nicht nur der rege Zulauf, den der „Fischer am See" zu verzeichnen hat (an Wochenenden und Feiertagen während der Hauptsaison ist Tischreservierung empfehlenswert): Das Fachmagazin „Der Feinschmecker" nahm das Lokal schon in die Liste der besten Fischrestaurants in Deutschland auf. Außerdem eroberte das Haus drei Rauten – die Bestbewertung – im Wettbewerb „Ausgezeichnete bayerische Küche" des Bayerischen Hotel- und Gaststättenverbandes.

Und weil es nah am Wasser mit schönem Ausblick am allerbesten schmeckt, sollte man auch noch die große Seeterrasse des Restaurants erwähnen: Die herrliche Sicht über den südwestlichen Teil des Chiemsees auf die Kette der Chiemgauer Alpen mit den markanten Silhouetten von Hochgern und Hochfelln lässt dem Gast wahrlich das Herz aufgehen.

Auch das „Innenleben" des Fischers am See hat ein ganz besonderes Flair: Die im Gastraum vorherrschenden Farben Weiß und Blau rufen nicht nur die Gedankenverbindung mit den bayerischen Nationalfarben wach. Wenn man die Fischernetze und andere Dekorationsgegenstände betrachtet, könnte man genauso gut an die Nordsee und den dort beliebten Stil der Delfter Kacheln denken.

Zumal es am Fischereigelände Schaber eine Bootsanlegestelle gibt: Hier können Gäste festmachen, die während ihres Segeltörns eine Essenspause beim Fischer am See einlegen wollen.

Wer sich in den schönen Platz am Ufer verliebt und den herrlichen Blick und die kulinarischen Genüsse für eine längere Zeit erleben möchte, kann sich diesen Wunsch ebenfalls erfüllen: Der Fischer am See ist auch ein Hotel mit 30 Betten in erst vor Kurzem renovierten, gemütlich eingerichteten Gästezimmern.

Blick über die Terrasse in die Chiemgauer Alpen

? **Hotel Restaurant Café zum Fischer am See**

i *In Prien-Harras an der Straße vom Hafen Prien-Stock Richtung Bernau*

Harrasser Straße 145
83209 Prien am Chiemsee
Tel. 08051/90760

www.fischeramsee.de
E-Mail info@FischerAmSee.de

! *Regionale und internationale Fischgerichte von klassisch bis raffiniert; Meeresfrüchte; bayerische Klassiker; leichte mediterrane Gerichte; schöne Lage nahe am See*

Das Brotzeitstüberl wartet auf hungrige Ausflügler

Sepp'n-Bauer

Lebensmittel direkt vom Erzeuger – das ist für manche ein Ideal, und das aus gutem Grund: Zu wissen, wo der Käse oder die Wurst herkommen, die man gerade verzehrt, schafft Vertrauen.

Bei Alois und Mariele Simon vom Sepp'n-Bauernhof in Farbing bei Bernau wird dieses Ideal Wirklichkeit. Der Hof wirtschaftet nach ökologischen Prinzipien nachhaltig und naturnah. Ein Blick auf die Tierhaltung zeigt, dass vieles noch funktioniert wie in guten alten Zeiten: Hier leben Pinzgauer Rinder in Mutterkuh- und Weidehaltung, die Schweine werden auf Stroh aufgezogen, Hühner, Enten und Gänse in Freilandhaltung sind „körndlgefüttert", erhalten also Getreide als Nahrung.

Das Fleisch und die Eier, deren Werdegang mit so viel Mühe und Sorgfalt verbunden war, verschwinden nun nicht in irgendwelchen dunklen Vertriebskanälen – sie werden im eigenen Hofladen direkt an den Abnehmer verkauft. Dort sind an vier Tagen in der Woche die Spezialitäten des Hauses erhältlich: Rind-, Schweine- und Geflügelfleisch, Hausmacherwürste, Schwarzgeräuchertes, Eier, Käse, Marmeladen und Honig, Schmalzgebäck. Immer freitags gibt es frisches Bauernbrot, je nach Saison küchenfertig zerlegtes Wild. Und wer schon voraussieht, dass er nach solchen Mahlzeiten etwas für die Verdauung braucht – auch Schnäpse und Liköre sind im Sortiment.

Die Aufzählung hat vielleicht schon klargemacht: Es können nicht alle Produkte in allen Verarbeitungsschritten „hausgemacht" sein – aber an seine Lieferanten stellen die Simons ähnlich hohe Ansprüche wie an sich selbst: Wo man etwa die Dienste eines Müllers oder Milchverarbeiters in Anspruch nimmt, handelt es sich um jemanden, den man kennt und dem man vertraut.

Die guten Sachen aus dem Hofladen kann man nicht nur „im Vorbeifahren" mit nach Hause nehmen. Es ist ebenso gut möglich, sie im Rahmen einer gemütlichen Brotzeit an Ort und Stelle zu verkosten. Auch Kaffee und hausgemachte Kuchen werden serviert. Und wer einem Liebhaber bayerischen Essens eine Freude machen will, der lässt sich beim Sepp'n-Bauern vielleicht ein entsprechendes Geschenkkörberl zusammenstellen.

Sepp'n-Bauer –
Hofladen und Erlebnisbauernhof
Alois und Mariele Simon

An der B 305 zwischen Bernau und Rottau

Rottauer Straße 72 a
83233 Bernau
Tel. 0 80 51/961 72-22
Fax 0 80 51/961 72-30

www.seppenbauer.com
E-Mail info@seppenbauer.com

Hofladen, Brotzeitstüberl (Öffnungszeiten im Internet abrufbar) mit Spezialitäten aus großenteils eigener Herstellung; Hofführungen auf Voranmeldung (auch für Schulklassen); Kutschfahrten, geführte Ausflüge und andere Freizeitangebote

Im Hofladen erhält man bäuerliche Produkte wie zu Großmamas Zeiten

Vorn war schon einmal vom Vertrauen die Rede. Beim Sepp'n-Bauern stellt man nicht nur die Behauptung auf, dass man ökologisch und naturnah arbeitet, man lässt sich sozusagen auch auf die Finger schauen: Auf Voranmeldung sind Hofführungen möglich – gern auch für oder mit Kindern. Dabei erfährt man vieles über bäuerliches Leben und Arbeiten und über Viehhaltung, was gerade in unserer Zeit keineswegs mehr Allgemeinwissen sein dürfte. Natürlich gehört auch eine zünftige Brotzeit dazu …

Das ist aber noch nicht das ganze Angebot des „Erlebnisbauernhofs": Wer noch mehr Spaß und Genuss haben will, nimmt an Kutschfahrten und geführten Ausflügen teil. Gruppen können bei der „Bauernhof-Rallye" ihre Geschicklichkeit in verschiedenen Disziplinen erproben, die allesamt irgendwie mit bäuerlichem Wirtschaften zu tun haben. Aber der wahrscheinlich schönste Programmpunkt bei all diesen Freizeitangeboten ist es, wenn man sich im Brotzeitstüberl bei Leberkäs, Presssack, Wurst und Käse niederlässt – den Spezialitäten, deren Herkunft man gerade näher kennenlernen durfte.

Fleisch, Wurst, Käse und Schmalzgebäck gehören zu den Spezialitäten des Sepp'n-Bauern

Kinderfreundlich: der Streichelzoo

Cafe Pauli

Das Cafe Pauli gehört ohne Zweifel zu den besonders attraktiven Ausflugszielen in der Nähe des Chiemsees. Und das aus mehreren Gründen.
Einer ist die herrliche Lage auf einer leichten Anhöhe. Von der Caféterrasse aus genießt man einen wunderbaren Panoramablick auf die Chiemgauer Berge und ins Priental. Der Ort Aschau mit seiner Burg und der markanten doppeltürmigen Pfarrkiche liegt dem Besucher quasi zu Füßen. Schon das ist ein Grund, hier länger sitzen zu bleiben.
Das gilt gerade auch für Familien mit Kindern. Denn im Cafe Pauli besteht keinerlei Gefahr, dass es den Kleinen langweilig wird. Dafür sorgen ein großer Spielplatz und ein kleiner Tierpark mit Streichelzoo mit Hasen und Zwergziegen. Als Hasenstall dient dabei ein in Miniatur originalgetreu nachgebauter Bauernhof. Auch die Erwachsenen werden sich über das nur 200 Meter entfernte Moorbad freuen.
Die „klassisch bayerische" Variante für das gemütliche Plätzchen im Freien bietet das Cafe Pauli auch: einen Biergarten mit alten Kastanien. Ist das Wetter einmal etwas unsicher, kann man außer in den gemütlichen Gasträumen mit ihren großen Fenstern auch im überdachten Freisitz mit Bergblick Platz nehmen.

Die Luftaufnahme des Cafe Pauli beweist es: Der Chiemsee ist nicht weit!

Traumblick von der Caféterrasse auf Aschau und die Berge des Prientals

Man sieht: Hier ist für viele Geschmäcker gesorgt. Das gilt auch für das Speisenangebot. Die hausgemachten Kuchen und Torten von Anita und Paul Kink genießen bei Einheimischen und Kennern einen hervorragenden Ruf. Die Auswahl ist groß: In der Hauptsaison umfasst das Büfett oft 20 und mehr Sorten. Sahnetorten sind ebenso vertreten wie traditionelle einheimische Konditorware, also etwa Apfel- oder Zwetschgenstrudel. Wer einen Eisbecher bevorzugt, ist ebenso gut bedient.
Das „gstandne" bayerische Mannsbild mag aber vielleicht lieber eine Halbe Bier und dazu eine deftige Brotzeit? Auch dieser Wunsch wird erfüllt. Ob kalte Brotzeit, Leberkäs, Weißwürste oder auch Toast – auf der Karte findet sich eine erfreuliche Auswahl.
Schließlich sei noch erwähnt, dass das Cafe Pauli auch ein idealer Stützpunkt für Ausflügler ist: Die Chiemgauer Alpen mit ihren zahlreichen Wandermöglichkeiten liegen direkt vor der Haustür, und auch der Chiemsee ist nur rund 5 km entfernt. So könnte es auch eine Option für den Chiemgau-Urlauber sein, sich in einem der Gästezimmer oder Ferienappartements einzumieten, die es im Haus gibt.

? ***Cafe Pauli***
Familie Kink

i *Von der Straße RO 14 (Aschau – Bernau) im Ortsbereich Aschau (Nähe Orthopädische Kinderklinik) auf Höhenbergstraße Richtung Umratshausen, bei der nächsten Möglichkeit rechts zum Café*

Höhenberg 3
83229 Aschau im Chiemgau
Tel. 0 80 52/9 07 40
Fax 0 80 52/90 74 20

www.cafe-pauli.de
E-Mail info@cafe-pauli.de

! *Herrliche Lage am Ausgang des Prientals; Kinderspielplatz und Streichelzoo; Moorbad in unmittelbarer Nähe; großes Angebot an hausgemachten Torten und Kuchen, Eisspezialitäten, Brotzeiten; Frühstücksangebot*

Stilvoll-rustikal geben sich die Gasträume

Alle Hotelzimmer sind individuell gestaltet

Chiemgauhof

Es ist ein wunderbares Fleckchen Erde: direkt am Chiemsee mit Blick auf die Inseln und die Chiemgauer Berge. Angrenzend liegen der längste Natursandstrand Bayerns und das Naturschutzgebiet Mündung der Tiroler Achen. Ebenso befindet sich der Anlegesteg der Chiemseeschifffahrt mit ihren Kursen zur Fraueninsel und zur Herreninsel in unmittelbarer Nähe. An dieser von der Natur bevorzugten Stelle hat einst der Chiemseemaler Julius Exter mit seinen Schülern Sommerakademien abgehalten, heute steht hier das Boutique Hotel Chiemgauhof mit seinem Restaurant und dem Biergarten.

Wofür der Chiemgauhof noch berühmt ist: Viele sind überzeugt, dass man nirgends am ganzen See den Sonnenuntergang stimmungsvoller erleben kann als genau an diesem Platz. Er wird hier wahrhaft zelebriert. So steht täglich an einer großen Tafel nicht das Tagesgericht, sondern die jeweilige Sonnenuntergangszeit angeschrieben.

? ***Hotel Chiemgauhof***
Familie Imdahl

i *Am Ostufer der Feldwieser Buch direkt am See; erreichbar von Übersee über Feldwieser Straße/Seestraße, von der Autobahnausfahrt Übersee links über Seestraße; vor der Brücke über den Überseer Bach rechts in Julius-Exter-Promenade*

Julius-Exter-Promenade 21
83236 Übersee
Tel. 08642/8987-0
Fax 08642/8987-99

www.chiemgauhof.com
E-Mail info@chiemgauhof.com

! *Regionale Küche mit mediterranem Einschlag; schöner Biergarten; Sundowner-Bar am Strand mit traumhaftem Seeblick; viele Freizeitmöglichkeiten*

Zum Haus gehört ein eigener Badestrand mit Boule-Bahnen, Stand-up-Paddling und Beach Tennis. Das wahrscheinlich Schönste für den Genießer ist die dort eingerichtete Strandbar, die „Sundownerbar". Man streckt sich in Liegestühlen oder auf Holzdecks im Chiemsee-Sand aus und tut sich gütlich an dem, was die Barkeeper zu bieten haben. Dabei bewundert man das Spiel der Sonne bei dezenter Musik.

Das Herz des Hauses ist die Küche. Seit über 15 Jahren kocht hier derselbe Küchenchef: Manfred Armbruster. Er kombiniert Lokales mit mediterranen Einflüssen. Den fangfrischen Fisch aus dem See und das Fleisch der eigenen Galloways, die hinter dem Haus weiden, verfeinert er mit edlen Gewürzen aus der Provence. Auch die bayerische Küche kommt voll und ganz zu ihrem Recht.

Übrigens kann man den ganzen Tag über zum Essen in den Chiemgauhof kommen: Schon morgens gibt es ein Frühstücksangebot für jedermann und nach dem Mittagessen Brotzeiten und Strudelvarianten, bis am Abend die Zeit des Speisens und Schlemmens beginnt.

Ein Biergarten mit Traumblick

Etwas Außergewöhnliches ist auch die Übernachtung im Chiemgauhof: Außer den kleinen, charmanten Zimmern im Stammhaus gibt es großzügige Suiten und Studios, deren exquisite Inneneinrichtung den Gast beeindruckt. Jedes Hotelzimmer ist individuell eingerichtet und unterscheidet sich in Größe, Farbe und Mobiliar. Trotz aller Varianten bleibt aber der typische „Chiemgauhof"-Stil überall präsent und unverwechselbar.

Ein besonderer Anziehungspunkt am Chiemgauhof ist die „Sundowner-Bar"

Chiemseefischer

Der Name kommt nicht von ungefähr. Das Hotel und Restaurant auf einer leichten Anhöhe über der Hirschauer Bucht mit seinem wunderbaren Ausblick auf den Chiemsee und die Alpenkette vom Hochfelln bis zur Kampenwand wurde viele Jahre lang von Helmut Stephan geführt, der in diesem Bereich die Fischerei betrieb. Als er aus Altersgründen aufgeben musste, verkaufte er das Haus an die Familie Sailer, Besitzer des Hofbräuhauses Traunstein.

Es war keine Frage, dass die Sailers daraus etwas machen wollten. Die herrliche Lage, zudem direkt am Chiemseeradweg zwischen Grabenstätt und Chieming, prädestinierte das einstige Fischer-Anwesen zu einem Anziehungspunkt für Feriengäste und Ausflügler. So kam es nach einer Komplettsanierung im Jahr 2015 zur Neueröffnung in Zusammenarbeit mit der heutigen Wirtsfamilie Zaiser. Sie betrieb bereits seit Jahren mit großem Erfolg das nahe, urige kleine Wirtshaus zur Hirschauer Bucht und nahm die zusätzliche Herausforderung gern an. Dank des Geschmacks und Könnens von Gabi Zaiser und ihrer Tochter Alexandra wurde der „Chiemseefischer" geradezu ein Schmuckkästchen. Die Inneneinrichtung mit Tischen aus altem Schiffsholz und so manchem ausgefallenen Sammlerstück greift immer wieder die Themen See, Schifffahrt und Fischerei auf. Selbst wenn also das Wetter einmal schlecht sein sollte und sich das schöne Panorama vom Wirtsgarten oder durch die großzügigen Fensterfronten nicht genießen lässt, wird dem Auge noch genug geboten. Viel positive Resonanz bei Einheimischen ebenso wie bei Urlaubern erhält auch die „offene Küche", die es erlaubt, dem Küchenteam bei seinem Handwerk über die Schulter zu schauen und mit dem einen oder der anderen auch einmal einige persönliche Worte zu wechseln.

Doch was bei den Gästen vor allem zählt, ist das ausgezeichnete kulinarische Angebot, für das Küchenchef Matthias Herbach mit seinem Team verantwortlich zeichnet. Die Schwerpunkte der Speisekarte liegen, wie es sich für ein Wirtshaus an diesem Platz gehört, bei Fisch und bayerischen Gerichten. Dazu gibt es kulinarische Ausflüge in mediterrane Gefilde. Auch Vegetarier kommen auf ihre Kosten.

Ein Augenschmaus: die geschmackvolle Einrichtung mit Schifffahrts- und Fischerei-Accessoires

Zur Philosophie des Hauses gehört es, so weit wie möglich mit regionalen Lieferanten zusammenzuarbeiten. Frischer Fisch kommt vom Thomafischer in Chieming, von den Fischern auf der Fraueninsel oder von der Fischzucht Jäkle in Eggstätt. Das Fleisch stammt unter anderem von der Metzgerei Heilmaier in Waging am See, die sich unter dem Markennamen „Rupertirind" besonderen Qualitätsansprüchen verpflichtet hat, sowie von der Jagdgenossenschaft Grabenstätt. Dazu gibt es, wie schon angedeutet, das süffige Bier vom Hofbräuhaus Traunstein. International ist dagegen das Weinangebot, das eine schöne Auswahl aus guten Tropfen verschiedener Länder bietet.

Wer länger bleiben will, der findet in den 15 renovierten Zimmern Unterkunft. Und zum Schluss eine gute Nachricht für den, der die leckere Küche im Stil des Chiemseefischers in einer wildromantischen Umgebung genießen will: Auch die kleine Gastronomie in der Hirschauer Bucht nahe dem Beobachtungsturm steht noch unter Leitung der Familie Zaiser und ist während der Sommersaison geöffnet.

Blick vom Wirtsgarten auf die Hirschauer Bucht und die Chiemgauer Alpen

? **Hotel Restaurant Chiemseefischer**
Familie Zaiser

i *Nahe der Hirschauer Bucht zwischen Chieming und Grabenstätt; von der Autobahnausfahrt Grabenstätt der Staatsstraße 2096 Richtung Chieming folgen; nach rund 5 km ist der Chiemseefischer rechts nicht zu übersehen*

Hagenau 2
83355 Grabenstätt
Tel. 08661/982658

www.hotel-chiemseefischer.de
E-Mail info@hotel-chiemseefischer.de

! *Fischgerichte, bayerische Spezialitäten, mediterrane und vegetarische Gerichte; schöne Lage über der Hirschauer Bucht*

Fast wie beim Kapitänsdinner!

Fakten Chiemsee und Nachbargewässer

Chiemsee	
Zuflüsse	Tiroler Achen, Prien
Abfluss	Alz
Inseln	Herreninsel, Fraueninsel, Krautinsel
Orte am Ufer	Prien am Chiemsee, Breitbrunn am Chiemsee, Gstadt am Chiemsee, Seebruck, Chieming, Bernau am Chiemsee
Größere Städte in der Nähe	Rosenheim, Traunstein
Höhe über Meeresspiegel	518,19 m ü. NN
Fläche	79,9 km^2
Seelänge	13,725 km
Seebreite	9,200 km
Volumen	2,04784 km^3
Maximale Tiefe	72,7 m (Stand: Mai 2005) *„Unschuldige-Kinder-Grube"*
Mittlere Tiefe	25,63 m
Besonderheiten	Drittgrößter deutscher See

Tiroler Achen	
Lage	Landkreis Traunstein, Bayern; Bezirk Kitzbühel, Tirol
Gewässerkennzahl	DE: 184
Länge	79 km
Quelle	Pass Thurn, Pinzgau, Salzburg
Mündung	Chiemsee

Prien	
Lage	Bayern, Deutschland
Gewässerkennzahl	DE: 18462
Länge	32 km
Quelle	Spitzstein
Mündung	Bei Prien am Chiemsee in den Chiemsee

Alz	
Lage	Landkreis Traunstein, Bayern, Deutschland
Gewässerkennzahl	DE: 184
Länge	63 km, mit Oberlauf aus Kitzbüheler Ache und Tiroler Achen 150 km
Namensbeginn am	Chiemsee bei Seebruck
Mündung	Bei Marktl in den Inn

Seen der Eggstätt-Hemhofer Seenplatte und Seeoner Seen
Eggstätter Seen
Stettner See 4,19 ha (Gemeinde Rimsting)
Langbürgner See 103,5 ha (ohne Insel, rund 2,1 ha groß) (Gemeinde Bad Endorf)
Thaler See 3,79 ha (Gemeinde Bad Endorf)
Schlosssee 26,79 ha (Gemeinde Bad Endorf)
Großer Kesselsee 8,10 ha (mit den übrigen 4 Kesselseen 10,24 ha) (Gemeinde Bad Endorf)
Einbessee 5,70 ha (Gemeinde Eggstätt)
Kautsee 16,49 ha (Gemeinde Bad Endorf)
Blassee 3,26 ha (Gemeinde Bad Endorf)
Hartsee 86,64 ha (Gemeinde Eggstätt)
Pelhamer See 71,41 ha, mit einer 1,2 ha großen Insel im Norden (nur wenige Meter vom Ostufer entfernt) (Gemeinde Bad Endorf)
Egelsee 3,10 ha (Gemeinde Eggstätt)
Seen im Weitmoos
Eschenauer See 18,38 ha, 3,1 m tief (Gemeinde Pittenhart)
Laubensee 3,58 ha, 2,2 m tief (Gemeinde Pittenhart)
Liensee 2,2 ha, entwässert über die Lienseeachen zum Eschenauer See (Gemeinde Eggstätt)
Hofsee (ohne Katzensee im Westen) 4,75 ha, 4,3 m tief, entwässert zum Liensee (Gemeinde Eggstätt)
Katzensee 1,4 ha, mit dem Hofsee über einen 40 m langen und 2 m breiten Wasserlauf verbunden (Gemeinde Eggstätt)
Seeoner Seen
Griessee 9,21 ha
Brunnensee 5,88 ha (tiefster See mit maximal 18,6 m)
Seeleitensee 8,29 ha
Esterpointersee (Mittersee) 0,78 ha
Jägersee 2,21 ha
Klostersee (Seeoner See) 47 ha
Bansee 3,30 ha
Kleiner Eglharter See 0,4 ha
Großer Eglharter See 1,8 ha

Artenlisten

Auf den nachfolgende Seiten finden Sie die Listen aller frei lebenden Wirbeltiere am Chiemsee und dem Gebiet der Touren. Listen weiterer Tierfamilien finden Sie auf: www.natur-chiemsee.de

Fische Chiemsee und Nachbargewässer	
Deutscher Name	***Wissenschaftl. Name***
Aland	*Leuciscus idus*
Bachforelle	*Salmo trutta*
Barbe	*Barbus barbus*
Brachse	*Abramis brama*
Europäische Äsche	*Thymallus thymallus*
Europäischer Aal	*Anguilla anguilla*
Europäischer Wels	*Silurus glanis*
Flussbarsch	*Perca fluviatilis*
Gangfisch	*Coregonus macrophthalmus*
Gemeiner Sonnenbarsch	*Lepomis gibbosus*
Groppe	*Cottus gobio*
Große Schwebrenke	*Coregonus lavaretus*
Güster	*Blicca bjoerkna*
Hasel	*Leuciscus leuciscus*
Hecht	*Esox lucius*
Karausche	*Carassius carassius*
Karpfen	*Cyprinus carpio*
Kleine Maräne	*Coregonus albula*
Mairenke	*Alburnus chalcoides*
Nase	*Chondrostoma nasus*
Perlfisch	*Rutilus meidingerii*
Quappe	*Lota lota*
Rapfen	*Aspius aspius*
Regenbogenforelle	*Oncorhynchus mykiss*
Rotauge	*Rutilus rutilus*
Rotfeder	*Scardinius erythrophthalmus*
Schleie	*Tinca tinca*
Schneider	*Alburnoides bipunctatus*
Schwebrenke	*Coregonus hoferi*
Seesaibling	*Salvelinus alpinus*
Ukelei	*Alburnus alburnus*
Zährte	*Vimba vimba*
Zander	*Sander lucioperca*

Säugetiere am Chiemsee und Umgebung	
Deutscher Name	***Wissenschaftl. Name***
Eichhörnchen	*Sciurus vulgaris*
Gartenschläfer	*Eliomys quercinus*
Haselmaus	*Muscardinus avellanarius*
Siebenschläfer	*Glis glis*
Europäischer Biber	*Castor fiber*
Bisamratte	*Ondatra zibethicus*
Rötelmaus	*Myodes glareolus*
Erdmaus	*Microtus agrestis*
Feldmaus	*Microtus arvalis*
Bayerische Kurzohrmaus	*Microtus bavaricus*
Wanderratte	*Rattus norvegicus*
Zwergmaus	*Micromys minutus*
Brandmaus	*Apodemus agrarius*
Gelbhalsmaus	*Apodemus flavicollis*
Waldmaus	*Apodemus sylvaticus*
Westliche Hausmaus	*Mus domesticus*
Feldhase	*Lepus europaeus*
Braunbrustigel	*Erinaceus europaeus*
Waldspitzmaus	*Sorex araneus*
Zwergspitzmaus	*Sorex minutus*
Wasserspitzmaus	*Neomys fodiens*
Sumpfspitzmaus	*Neomys anomalus*
Feldspitzmaus	*Crocidura leucodon*
Gartenspitzmaus	*Crocidura suaveolensis*
Hausspitzmaus	*Crocidura russula*
Europäischer Maulwurf	*Talpa europaea*
Kleine Hufeisennase	*Rhinolophus hipposideros*
Breitflügelfledermaus	*Eptesicus serotinus*
Mopsfledermaus	*Barbastella barbastellus*
Braunes Langohr	*Plecotus auritus*
Großer Abendsegler	*Nyctalus noctula*
Kleiner Abendsegler	*Nyctalus leisleri*
Zwergfledermaus	*Pipistrellus pipistrellus*
Weißrandfledermaus	*Pipistrellus kuhlii*
Rauhautfledermaus	*Pipistrellus nathusii*
Zweifarbfledermaus	*Vespertilio murinus*
Großes Mausohr	*Myotis myotis*
Kleine Bartfledermaus	*Myotis mystacinus*
Große Bartfledermaus	*Myotis brandtii*

Wimperfledermaus	*Myotis emarginatus*
Fransenfledermaus	*Myotis natterei*
Rotfuchs	*Vulpes vulpes*
Hermelin	*Mustela erminea*
Mauswiesel	*Mustela nivalis*
Europäischer Iltis	*Mustela putorius*
Steinmarder	*Martes foina*
Baummarder	*Martes martes*
Europäischer Dachs	*Meles meles*
Wildschwein	*Sus scrofa*
Rothirsch	*Cervus elaphus*
Reh	*Capreolus capreolus*

Amphibien Chiemsee und Umgebung/Schwanz- und Froschlurche

Deutscher Artname	***Wissenschaftl. Name***
Bergmolch	*Ichthyosaura alpestris*
Teichmolch	*Lissotriton vulgaris*
Feuersalamander	*Salamandra salamandra*
Nördlicher Kammmolch	*Triturus cristatus*
Gelbbauchunke	*Bombina variegata*
Erdkröte	*Bufo bufo-Komplex*
Wechselkröte	*Bufo viridis-Komplex*
Europäischer Laubfrosch	*Hyla arborea*
Teichfrosch	*Pelophylax „esculentus“*
Kleiner Wasserfrosch	*Pelophylax lessonae*
Seefrosch	*Pelophylax ridibundus*
Moorfrosch	*Rana arvalis*
Springfrosch	*Rana dalmatina*
Grasfrosch	*Rana temporaria*

Reptilien Chiemsee und Umgebung

Deutscher Name	***Wissenschaftl. Name***
Europäische Sumpfschildkröte (ausgesetzt)	*Emys orbicularis*
Zauneidechse	*Lacerta agilis*
Waldeidechse	*Zootoca vivipara*
Mauereidechse	*Podarcis muralis*
Blindschleiche	*Anguis fragilis*
Ringelnatter	*Natrix natrix*
Kreuzotter	*Vipera berus*
Schlingnatter	*Coronella austriaca*

Vögel Chiemsee und Umgebung

Nach einer Zusammenstellung von Dr. Michael Lohmann (www.naturerlebnis-chiemsee.de/chiemsee.../chs-voegel_statusliste_web-2005.pdf) 310 Arten nach Auswertung von Daten zahlreicher Vogelbeobachter von mehr als 20 Jahren.

Art (Gefährdung)	Status
Sterntaucher	Wi
Prachttaucher	Wi
Eistaucher	Wi
Zwergtaucher	Ja
Haubentaucher	Ja
Rothalstaucher	Wi
Ohrentaucher	Wi
Schwarzhalstaucher (3)	Ja
Kormoran	Ja
Zwergscharbe	A
Rötelpelikan	Gef
Rohrdommel	Wi
Zwergdommel (0)	Zu
Nachtreiher	So
Rallenreiher	So
Kuhreiher	A
Seidenreiher	So
Silberreiher	Wi
Graureiher (3)	Ja
Purpurreiher	So
Schwarzstorch (2)	Zu
Weißstorch	So
Sichler	A
Heiliger Ibis	Gef
Löffler	So
Rosaflamingo	Gef
Chileflamingo	Gef
Höckerschwan	Ja
Zwergschwan	A
Singschwan	Wi
Schwarzschwan	Gef
Saatgans	Wi
Blessgans	Wi
Graugans	Ja

Legende:

Markierungen:
- *(hellblau) = Wintergast*
- *(gelb) = gefährdeter Brutvogel*
- *(orange) = Gefangenschaftsflüchtling*

Status:
A = Ausnahmeerscheinung
BG = Brutgast
Dz = Durchzügler
Gef = Gefangenschaftsflüchtling
Ja = ganzjährig anwesend
So = Sommergast
Wi = Wintergast
Zu = Zugvogel (fehlt im Winter)

Gefährdung im Gebiet:
0 = brütet seit mind. 10 Jahren nicht mehr
1 = Brutpopulation vor dem Erlöschen
2 = stark gefährdet
3 = gefährdet

Aus Platzgründen wurde in der Liste der Vögeln der wissenschaftliche Artname nicht angegeben.

Streifengans	Gef
Schneegans	Gef
Weißwangengans	Gef
Rothalsgans	Gef
Kanadagans	Ja
Nilgans	Gef
Rostgans	Gef
Brandgans	Ja
Brautente	Gef
Mandarinente	Gef
Pfeifente	Wi
Schnatterente	Ja
Krickente	Ja
Stockente	Ja
Spießente	Wi
Silberente	Gef

Knäkente	Zu
Löffelente (2)	Ja
Bahamaente	Gef
Kolbenente (3)	Ja
Tafelente	Wi
Moorente	Ja
Reiherente	Ja
Bergente	Wi
Eiderente	Wi
Eisente	Wi
Trauerente	Wi
Samtente	Wi
Schellente (3)	Ja
Büffelkopfente	Gef
Zwergsäger	Wi
Mittelsäger	Wi
Gänsesäger (2)	Ja
Weißkopf-Ruderente	A
Wespenbussard (3)	Zu
Schwarzmilan (3)	Zu
Rotmilan	Ja
Seeadler	Wi
Gänsegeier	A
Mönchsgeier	Gef
Rohrweihe (2)	Zu
Kornweihe	Wi
Wiesenweihe	Dz
Habicht	Ja
Sperber	Ja
Mäusebussard	Ja
Raufußbussard	Wi
Schreiadler	A
Schelladler	A
Steinadler (3)	Ja
Fischadler	Dz
Turmfalke	Ja
Rotfußfalke	Dz
Merlin	Wi
Baumfalke (3)	Zu
Wanderfalke (3)	Ja
Haselhuhn	Ja

Alpenschneehuhn	A
Birkhuhn	Ja
Auerhuhn	Ja
Rebhuhn	A
Wachtel (2)	Zu
Fasan	Ja
Wasserralle	Zu
Tüpfelsumpfhuhn (2)	Zu
Kleines Sumpfhuhn	Zu
Wachtelkönig (2)	Zu
Teichhuhn	Zu
Blesshuhn	Ja
Kranich	Dz
Großtrappe	A
Austernfischer	So
Stelzenläufer	A
Säbelschnäbler	A
Triel	A
Brachschwalbe	A
Flussregenpfeifer	Zu
Sandregenpfeifer	Dz
Seeregenpfeifer	A
Mornell	A
Goldregenpfeifer	Dz
Kiebitzregenpfeifer	Dz
Kiebitz	Zu
Knutt	Dz
Sanderling	Dz
Zwergstrandläufer	Dz
Temminckstrandläufer	Dz
Graubrust-Strandläufer	A
Sichelstrandläufer	Dz
Alpenstrandläufer	Dz
Sumpfläufer	A
Grasläufer	A
Kampfläufer	Dz
Zwergschnepfe	Wi
Bekassine (2)	Zu
Waldschnepfe	Zu
Uferschnepfe	Dz
Pfuhlschnepfe	Dz

Regenbrachvogel	Dz
Gr. Brachvogel (1)	Ja
Dunkler Wasserläufer	Dz
Rotschenkel (0)	Dz
Teichwasserläufer	Dz
Grünschenkel	Dz
Kl. Gelbschenkel	A
Waldwasserläufer	Dz
Bruchwasserläufer	Dz
Flussuferläufer (1)	Zu
Steinwälzer	Dz
Odinshühnchen	Dz
Thorshühnchen	A
Spatelraubmöwe	A
Schmarotzerraubmöwe	A
Falkenraubmöwe	A
Skua	A
Raubmöwe	A
Schwarzkopfmöwe	Dz
Zwergmöwe	Dz
Schwalbenmöwe	A
Lachmöwe	Ja
Dünnschnabel-Möwe	A
Sturmmöwe	Wi
Heringsmöwe	Ja
Mittelmeermöwe	Ja
Steppenmöwe	Wi
Silbermöwe	Wi
Eismöwe	A
Mantelmöwe	Wi
Dreizehenmöwe	Dz
Lachseeschwalbe	Dz
Raubseeschwalbe	Dz
Brandseeschwalbe	Dz
Fluss-Seeschwalbe (1)	Zu
Küstenseeschwalbe	A
Zwergseeschwalbe	Dz
Weißbart-Seeschwalbe	Dz
Trauerseeschwalbe	Dz
Weißflügel-Seeschwalbe	Dz
Trottellumme	A

Hohltaube	Zu
Ringeltaube	Zu
Türkentaube	Ja
Turteltaube	Dz
Kuckuck	Zu
Schleiereule	Ja
Zwergohreule	A
Uhu	Ja
Sperlingskauz	Ja
Waldkauz	Ja
Waldohreule	Ja
Sumpfohreule	A
Raufußkauz	Ja
Ziegenmelker	Dz
Mauersegler	Zu
Alpensegler	A
Eisvogel	Ja
Bienenfresser	So
Blauracke	A
Wiedehopf (0)	Dz
Wendehals	Dz
Grünspecht	Ja
Grauspecht	Ja
Schwarzspecht	Ja
Buntspecht	Ja
Mittelspecht	Dz
Weißrückenspecht	Ja
Kleinspecht	Ja
Dreizehenspecht	Ja
Heidelerche	Dz
Feldlerche (3)	Zu
Uferschwalbe (3)	Zu
Felsenschwalbe (2)	Zu
Rauchschwalbe	Zu
Rötelschwalbe	A
Mehlschwalbe	Zu
Brachpieper	Dz
Baumpieper (3)	Zu
Wiesenpieper (2)	Ja
Rotkehlpieper	Dz
Bergpieper	Ja

Schafstelze	Zu
Gebirgsstelze	Zu
Bachstelze	Zu
Seidenschwanz	Wi
Wasseramsel	Ja
Zaunkönig	Ja
Heckenbraunelle	Zu
Alpenbraunelle (2)	Ja
Rotkehlchen	Zu
Sprosser	A
Nachtigall	Zu
Blaukehlchen	Zu
Hausrotschwanz	Zu
Gartenrotschwanz (2)	Zu
Braunkehlchen	Zu
Schwarzkehlchen	Zu
Steinschmätzer	Dz
Ringdrossel	Zu
Amsel	Ja
Wacholderdrossel	Zu
Singdrossel	Zu
Rotdrossel	Wi
Misteldrossel	Zu
Seidensänger	A
Feldschwirl	Zu
Schlagschwirl (1)	Zu
Rohrschwirl	Zu
Mariskenrohrsänger	A
Schilfrohrsänger	Zu
Sumpfrohrsänger	Zu
Teichrohrsänger	Zu
Drosselrohrsänger (2)	Zu
Gelbspötter	Zu
Weißbartgrasmücke	A
Klappergrasmücke	Zu
Dorngrasmücke (2)	Zu
Gartengrasmücke	Zu
Mönchsgrasmücke	Zu
Berglaubsänger	Zu
Waldlaubsänger	Zu
Zilpzalp	Zu

Fitis	Zu
Wintergoldhähnchen	Ja
Sommergoldhähnchen	Zu
Grauschnäpper	Zu
Zwergschnäpper (3)	Zu
Trauerschnäpper (2)	Zu
Bartmeise	Dz
Beutelmeise	Dz
Schwanzmeise	Ja
Sumpfmeise	Ja
Weidenmeise	Ja
Haubenmeise	Ja
Tannenmeise	Ja
Blaumeise	Ja
Kohlmeise	Ja
Kleiber	Ja
Mauerläufer (2)	Ja
Waldbaumläufer	Ja
Gartenbaumläufer	Ja
Pirol	Zu
Neuntöter (3)	Zu
Schwarzstirnwürger	A
Raubwürger (0)	Wi
Rotkopfwürger	A
Eichelhäher	Ja
Elster	Ja
Tannenhäher	Ja
Alpendohle	Ja
Dohle	Ja
Saatkrähe	Dz
Aaskrähe	Ja
Kolkrabe	Ja
Star	Zu
Rosenstar	A
Haussperling	Ja
Feldsperling	Ja
Buchfink	Ja
Bergfink	Wi
Girlitz	Zu
Zitronengirlitz	Zu
Grünling	Ja

Stieglitz	Zu
Erlenzeisig	Ja
Bluthänfling (2)	Ja
Birkenzeisig	Ja
Fichtenkreuzschnabel	Ja
Karmingimpel	Zu
Gimpel (3)	Ja
Kernbeißer (3)	Ja
Schneeammer	Wi
Goldammer (3)	Ja
Zippammer	A
Ortolan	Dz
Rohrammer	Zu
Grauammer	Dz

Kontaktadressen Naturschutz

Naturschutzbehörden, Verbände und Initiativgruppen

Abwasser- und Umweltverband Chiemsee (AZV)

83253 Rimsting, Stiedering 1, Tel. 0 80 51/69 01-10,
E-Mail: info@azv-chiemsee.de, Internet: www.azv-chiemsee.de

Bund Naturschutz i. B. - Kreisgruppe Rosenheim

83022 Rosenheim, Steinbökstraße 7, Tel. 0 80 31/1 28 82, E-Mail: rosenheim@bund-naturschutz.de, Internet: www.rosenheim.bund-naturschutz.de

Bund Naturschutz i. B. - Kreisgruppe Traunstein

83278 Traunstein, Scheibenstraße 22, Tel. 08 61/1 22 97, E-Mail: traunstein@bund-naturschutz.de, Internet: www.traunstein.bund-naturschutz.de

Bürgeraktion „Rettet den Chiemsee"

Helge Holzer, 83209 Prien, Hugo-Kauffmann-Strße 13, Tel. 0 80 51/6 17 24
Email: info@rettet-den-chiemsee.de

Chiemseeagenda

AZV, 83253 Rimsting, Stiedering 1, Tel. 0 80 51/69 01-10
Email: info@azv-chiemsee.de, Internet: www.chiemseeagenda.de

Forum Ökologie

83278 Traunstein, Scheibenstraße 22, Tel. 08 61/75 71
E-Mail: kontakt@forum-oekologie.org, Internet: www.forum-oekologie.org

Landschaftspflegeverband Traunstein

83278 Traunstein, Papst-Benedikt-XVI.-Platz, Tel. 08 61/5 85 39, E-Mail: sandner.lpv@lra-ts.bayern.de, Internet: www.landschaftspflegeverband-traunstein.de

Naturpavillon Übersee

83236 Übersee, Zellerpark (Hochfellnweg 1), Tel. 0 86 42/15 51
E-Mail: chiemseelbv@web.de, Internet: www.naturpavillon.de

Naturschutzbehörde Rosenheim

Landratsamt, 83022 Rosenheim, Wittelsbacherstraße 53, Tel. 0 80 31/3 92 33 07
E-Mail: elisabeth.gartner@lra-rosenheim.de, Internet: www.lra-rosenheim.de

Naturschutzbehörde Traunstein

Landratsamt, 83278 Traunstein, Papst-Benedikt-XVI.-Platz, Tel. 08 61/5 83 56
E-Mail: wolfgang.selbertinger@lra-ts.bayern.de, Internet: www.traunstein.com

Ökomodell Achental

83259 Schleching, Kirchplatz 1, Tel. 0 86 49/98 66 55
E-Mail: info@oekomodell.de, Internet: www.oekomodell.de

Register

Abtei Frauenwörth 87f
Abwasser- und Umweltverband Chiemsee 11
Abwasserzweckverband (AZV) 10f
Alzfähre 140, 142
Archäologischer Rundweg 82, 137
Artenspektrum 37
Augustiner-Chorherrenstift 29, 90, 93
Aussichtstürme 85
Auwald 66, 71f, 78
Bajuwaren 10
Bedaium 7ff, 82, 125, 137, 139
Biotope 55, 84, 116
Biotopverbund 116, 118
Breitbrunn 7, 12, 22, 28, 32, 35, 76, 77, 79, 78, 114
Brutvogel 36f, 54, 101
Burschenverein 23
Chiemgau 6f, 12f, 20, 22f, 27, 46f, 53, 60, 62, 112, 115, 135
Chiemgauer Alpen . 27, 60, 76, 77, 79, 80f, 97, 102, 104, 113, 115, 139
Chiemo 12
Chiemsee-Absenkung 67
Chiemseeagenda 11
Chiemseefische 25, 69, 110
Chiemseekonferenz 11
Chiemseelachs 37
Chiemseeplätte 27
Chiemseereinhaltung 10
Chiemsee-Rundweg 76, 80, 83
Chiemsee-Schifffahrt 26f, 28, 76, 85, 86
Edelkrebs 37, 45
Eggstätt-Hemhofer Seenplatte . 21, 33, 35, 59, 116, 118, 125f, 127, 130, 133f
Eistage 20
Eiszeit 6, 8, 12, 34, 112, 126
Eiszerfallslandschaft 120, 126, 127
Extensivwiesen 54
Fauna-Flora-Habitat 15
Fessler 27
Feuchtgebiete 15, 35, 54
FFH-Richtlinie 15
Fischfauna 37, 43
Floßfahrt 143ff
Flussbäder 33
Föhn 20
Fraueninsel 10, 12f, 15, 19, 21, 25, 27ff, 80, 86, 87ff, 95
Froschlurche 55
Ganzzipf 77, 79
Geologischer Lehrpfad 79
Gesundheitswelt Bad Endorf 21
Gollenshausen 31, 47, 80f
Grabenstätter Moos 53, 55, 63f, 67ff, 70
Gräberfeld 83
Greamandlweiher 30, 59, 111f
Hackenfilz 98, 103f
Hartmannsberg 127, 129
Hartsee 33, 117, 125, 130ff
Herreninsel . 12f, 27, 28f, 31, 46, 49, 61, 79, 86, 90ff, 93, 95, 134
Hirschauer Bucht 14, 16, 20, 30, 67, 69, 70, 72
Hochäckerkultur 124
Hochwasserspitzen 20
Hofanger 80
Hofbräuhaus Traunstein 25
Höfling 38
Inn-Chiemsee-Hügelland 46
Inselsee 14, 21
Inseltöpferei 29
Irmengard 29, 88
Irschener Winkel 14, 57
Ischl 52, 123ff, 137f
Jagd 52
Jahresniederschläge 19
Kailbacher Bucht/Kailbacher Winkel 14, 32, 77, 79, 114
Kampanile 29, 87
Kampenwand 13, 85, 104
Kelten 9, 125
Keltendorf Stöffling 137f
Kernzone 69, 71, 74
Klaushäusl 96, 100, 103f
Kloster Baumburg 31, 140ff
Kloster Frauenwörth 29, 86
Kloster Seeon 31, 60, 116, 120ff, 124f
König Ludwig II. 27, 79, 86, 90ff, 94f
Krautinsel 8, 12f, 28, 46

Kreuzkapelle 31, 90f, 93
Kultur- und Bildungszentrum 116, 120, 122
Lachsgang 32, 55, 73ff
Laichplätze 38, 40
Landauer 133f
Landkreis Rosenheim 12, 14, 127
Landkreis Traunstein 14
Landschaftsschutzgebiet 55, 62, 143f
Langbürgner See 33, 61
Leonhardiritt 22
LIFE-Programm der EU 98, 102
Ludwig Thoma 9
Maibaum 22f
Malerwinkel 80
Moorerlebnispfad 100, 102
Moorkultivierung 54
Moorrundweg 99
Moos 53, 67ff
Münchshöfener Zeit 7
Mündungsdelta 71, 73, 75
Münster 29, 87, 89
Natura 2000 .... 15, 62, 126f
Naturbeobachtungsstationen 85
Naturkunde- und Mammut-Museum 7
Naturschutzgebiet Kendlmühlfilze 62, 97f, 102
Naturschutzgebiet Mündung der Tiroler Achen 62, 64, 67, 70f, 73f
Naturstrand 32
Niederschlagsmaxima 19
Nikolauskapelle 74f
Noricum 8
Pelhamer See 55, 133ff
Pollenanalysen 17
Prienavera 21, 33, 77, 94
Prienmündung 14, 16, 30, 36, 59, 77ff, 106, 110ff, 113, 115
Prien-Stock 21, 28, 33, 77, 87, 90, 93, 110ff
Prucca 9
Ramsar-Konvention 15
Renaturierung 65, 98
Renke 25, 38f
Ringkanalisation 10, 14, 44, 59
Römermuseum Bedaium . 7ff, 82, 137, 139
Rote Liste 35, 37, 52, 59, 69
Rothgraben 68, 71f
Rückhalteflächen 17
Schafwaschener Bucht .. 13, 14, 16, 21, 31, 54, 77, 79, 106, 113ff
Schalch 12f
Schloss Grabenstätt 67f
Schloss Hartmannsberg 127, 129
Schlosssee 127, 129, 132
Schratz 25, 43
Schwanzlurche 55
Schwebstoffe 17, 106
Seebruck 7ff, 15, 27, 33, 55, 63, 67, 76, 80ff, 82, 83f, 122, 124f, 127, 137ff, 143, 145
Seeoner Seen .. 35, 59, 116, 118, 120ff, 126, 127
Selbstreinigung 59
Siegsdorf 7f, 133
Siegsdorfer Mammut 6, 9
Stein- und Bronzezeit 9
Steinlehrpfad 112, 115
Steinzeit 28
Stephanskirchen 127, 129, 132, 134
Strandbad Übersee 30, 32, 73ff
Streuwiese 55, 63f, 66, 67, 69, 70f, 79, 81f, 110, 132, 143
Tiroler Achen 13, 17, 38f, 62, 64, 66, 67, 70f, 73ff
Torfbahn 98
Torfbahnhof 96, 98, 103f
Torfstich 54
Torhalle 29, 84, 89
Ufervegetation 57, 136
Unterwasserpflanzen 57
Verlandung 16f, 67
Verlandungsprozess 17, 132
Vogelbeobachtungsturm ... 30, 67, 69, 70, 72, 73, 77, 80, 83
Wachsende Steine 145
Wasserstände 20
Wasserverschmutzung 38, 58
Wasserwirtschaftsamt Traunstein 16
Weitsee 10, 14, 17
Wiedervernässung 98
Wiesenbrüterschutzgebiet 55
Wildenwart 23, 106, 107ff
Wöhrmühle 117f

Literaturverzeichnis

Für den Natur- und Kulturführer Chiemsee wurden Daten und Informationen aus folgenden Veröffentlichungen entnommen.

BAUER, J., TRIEBSKORN, R., NEGELE, R.-D. (2002):
Untersuchungen zum Großmuschelsterben in oberbayerischen Seen.
Bayerisches Landesamt für Wasserwirtschaft Materialien Nr. 106: 51 S., München.
FITTKAU, E. J., COLLING, M., HOFMANN, G., REIFF, N., RISS, H. W., ORENDT, C., HESS, M. (1992):
Biologische Trophieindikation im Litoral von Seen.
Informationsberichte Bayer. Landesamt für Wasserwirtschaft 7/92: 184 S., München.
HAMM, A., KUCKLENTZ, V., SCHAUMBURG, J., KLEE, R., SIEBECK, O., HOLZMANN, R., MAYR, C., APPENZELLER, A., GROSSER, S., MELZER, A. (1997):
Limnologische Forschungen am Chiemsee.
Informationsberichte Bayer. Landesamt für Wasserwirtschaft 2/97: 116 S, München.
HÖFLING, PAUL:
Die Chiemsee-Fischerei.
Beiträge zu ihrer Geschichte (München 1987).
SCHAUMBURG, J. (1992):
Zur Limnologie des Chiemsees.
Informationsberichte Bayer. Landesamt für Wasserwirtschaft Heft 2/92: 82 S., München.
SCHAUMBURG, J., MELZER, A., SCHOLZE, C., GOOS, F.-M., ZIMMERMANN, S. (2003):
Seelitorale in Bayern: Chiemsee Makrophyten-Kartierungen 1985 und 1998.
Bayerisches Landesamt für Wasserwirtschaft Materialien Nr. 108: 1–87, München.

Zahlreiche Links und Hinweise finden Sie auch unter:

natur-chiemsee.de

3., durchgesehene Auflage

Alle Naturbilder stammen von Josef Reiter, Aschau.
Fotos im Kapitel „Chiemsee für Genießer“: Christine Basler (Seite 146/147), Alexander Gerl (Seite 158), Thomas Gruber (Seite 154/155), Gut Ising (Seite 152/153), Hotel Restaurant Café zum Fischer am See (Seite 170 unten), Yachthotel Chiemsee (Seite 164), Pura Restaurant & Pura Studio (Seite 159), Josef Reiter (Seite 160/161, 172/173), Conrad Schätz (Seite 150/151, 162/163, 166/167, 170/171, 174/175), Rainer Schmidt (Seite 148/149), Kurt Schubert (Seite 165, 168 oben, 169)
Die Texte im Kapitel „Chiemsee für Genießer“, Seite 146–177, entstanden unter Verwendung von Texten von Bernhard Edlmann, Raubling. Alle anderen Texte in diesem Führer stammen von Wolfgang Dietzen.

Gedruckt in Deutschland auf chlorfrei gebleichtem Papier

ISBN 978-3-9813-6200-8